奇龍族學園

理財能力大升級

馮漢賢 著
黃書熙

新雅文化事業有限公司
www.sunya.com.hk

目錄

奇龍族學園人物介紹

奇洛

充滿好奇心，愛動腦筋和接受挑戰，在朋友之中有「數學王子」之稱。

魯飛

古靈精怪，有點頑皮，雖然體形有點胖，但身手卻非常敏捷，最好的朋友是小他四年的多多。

小寶

陽光女孩，愛運動，個性開朗，愛結識朋友。

伊雪

沒有什麼缺點，也沒有什麼優點，有一點點虛榮心。

貝莉

生於小康之家，聰明伶俐，擅長數學，但有點高傲。喜歡奇洛。

海力

非常懂事，做任何事都竭盡全力，很用功讀書。

布加

小寶的哥哥，富有同情心，是社區中的大哥哥，深受大小朋友的喜愛。

多多

奇洛的弟弟，天真開朗，活潑好動，愛玩愛吃，最怕看書。

精明消費
試後大食會

漫長的考試周終於完結，奇洛和伊雪向同學們提議舉行一場**大食會**慶祝一番。他們説好每人買一款介乎 10 至 20 元的零食，帶到小寶家一起吃。

伊雪與奇洛結伴到超級市場選購零食。伊雪想買**薯片**，奇洛則想買**朱古力**。

伊雪望着貨架上的薯片，心裏想，「10 至 20 元能買到什麼好東西呢？**廉價產品**，質素也好不到那裏。」她仔細看看每款薯片，可她不是看牌子，也不是看口味，而是看價錢。她豪爽地選了貨架上最貴的薯片，得意地説：「這包薯片是貨架上**最貴的薯片**，味道一

定是最好的。」

伊雪選好後便去找奇洛，看到他手上已拿着一包朱古力，便問：「你也選定了嗎？」

奇洛回答：「對啊，你看這包朱古力，這麼**大包裝**也只是賣10元，十分便宜。」於是，兩人滿意地拿着零食，前往收銀處付款。

大食會當天，大家都非常期待分享**可口美味**的食物，紛紛拿出自己準備好的零食，有芝士波、鱈魚絲、動物餅、媽咪麵、彩色軟糖、紫菜……當然還有「最貴」的薯片和「最大包」的朱古力！

伊雪自豪地説：「雖然説好是買10至20元的零食，可我這個人不喜歡廉價貨，而且跟朋友分享，當然要買些好東西。這包薯片賣**50元**，是貨架上最貴的薯片！」

奇洛也驕傲地説：「你們一定估不到這大包裝的朱古力賣多少錢——這才 **10 元**呢！我簡直是**精打細算**的理財專家……」

「不要説那麼多了，現在宣布慶祝考試完結大食會正式開始！」小寶興奮地説。

當大家興高采烈地拆開各款零食時。海力突然指着伊雪的薯片説：「大家不要吃這包薯片啊！看，**最佳食用日期**已過了近兩個月。」

另一邊廂，小寶向奇洛抱怨道：「你這包朱古力只是包裝大。你看，包裝袋裏只有 5 塊朱古力，我們一人都分不得一塊。幸好，我媽媽知道你們會來我家，早已準備了很多食物給大家。」

伊雪和奇洛倆人尷尬不已，異口同聲地説：「不好意思，我們明白了，原來買東西也不能只看價錢！」

價錢和質素同樣重要

在故事中，伊雪和奇洛在選購零食時，都只留意零食的價錢。伊雪認為價錢高，就代表質素好，沒有留意零食的最佳食用日期，於是買了一包過期薯片；相反，奇洛則以為價錢低，就代表價廉物美，沒有留意包裝上的說明，於是買了一包包裝大但分量少的朱古力。

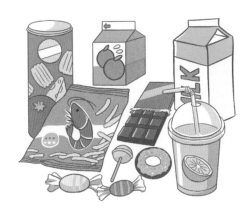

要做到精明消費，在買東西時，除了留意價錢外，還要注重產品的質素，例如購買食物時，便要留意食用日期、分量、成分、產地等。如果有朋友曾買過這類產品，也可以問問他們的意見，那就更清楚了解產品的質素。

某些地方的產品以高品質見稱，所以選購該地生產的產品必定沒錯，對嗎？

沒有一個地方的產品必定是最好的，亦沒有一個品牌的產品質素必定是最高的。作為一個精明的消費者，應該仔細了解產品的詳細資料，以判斷其質素，而不要盲目地追捧某產地或品牌。

超級市場常有「買二送一」或「增量版」等的優惠。買這些產品一定比買單件或「普通版」精打細算，對嗎？

如要知道「買二送一」或「增量版」是否真的較單件或「普通版」便宜，你便要花點時間計算產品的平均價錢。另外，還要知道自己是否需要這些額外的分量，不然便會造成浪費。

如果產品的價錢便宜、品質優良，那就應該購買嗎？

價錢和質素固然重要，但是還要考慮一個更重要的因素，那就是需要與否。如果我們買了本身不需要的東西，即使價錢再便宜、品質再好，也是得物無所用呢！

你會買哪一款果凍？

小朋友，你是一名精明的消費者嗎？現在就來考考你。超級市場裏有不同款式的果凍，請仔細觀察以下各款果凍的價錢和分量，然後回答以下的問題。

1 哪一款果凍的價錢最便宜？請圈選，並寫上售價。

　芒果 / 草莓 / 蜜瓜 果凍，售價是 ＿＿＿＿＿＿＿。

2 哪一款果凍的分量最多？請圈選，並寫上分量。

　芒果 / 草莓 / 蜜瓜 果凍，分量是 ＿＿＿＿＿＿＿。

3 哪一款果凍的平均價錢最便宜？

　芒果 / 草莓 / 蜜瓜 果凍，平均價錢是每克 ＿＿＿＿＿＿＿。

4 你會買哪一款果凍？為什麼呢？請說一說。

　　奇洛和多多雖然是兩兄弟，但是他們性格各異。因此，有着不同的遭遇和命運。多多經常埋怨媽媽**偏心**哥哥，這天他問媽媽：「為什麼哥哥擁有的東西總是比我的多、比我的好呢？你看，哥哥擁有這個

系列的 5 個**機械人**，而我只得一個。」

媽媽感到冤枉，她說：「這些機械人都是奇洛用自己的**零用錢**買的，不是我買給他的。」

多多不服氣問道：「那即是說你給哥哥的零用錢較我多吧！我一星期只有 50 元，哥哥呢？」

「也是一樣，他也只有 50 元。」媽媽回答。

多多想來想去也想不通，媽媽的語氣斬釘截鐵，不像在說謊，可是如果真的是這樣，那為何哥哥的零用錢明明跟他一樣，卻能夠購買**更多**和**更好**的玩具呢？

奇洛看到弟弟一個人坐在地上生悶氣，忍不住說：「我們每星期獲得的零用錢金額確是相同，唯一不同的，就是我們的**理財方式**。」

「什麼理財方式？有何不同？」多多問。

奇洛說：「還記得我們昨天去打籃球後，你去買樽裝水解渴嗎？」

多多點點頭說：「記得。你說球場有飲水機，沒必

要花錢買水嘛。但是，在便利店裏買一支水才 5 元，我買了兩支，也不過是 10 元，而且還是冰凍解渴的。況且你最後也抵不住口渴，買了一支。」

奇洛回應：「對，我是買了一支水，但是我只花了 3 元。當時我不是跟你說，便利店旁邊超級市場的樽裝水較便宜，只是你自己說『不用那麼麻煩，才三兩元。』。」

多多不明所以：「的確如此，節省三兩元有何用？」

奇洛說：「這正正反映你的理財態度——衝動消費，不懂精打細算。」他接着解釋：「你試試回想，剛才提及的機械人不也是這個情況嗎？當時你一看上它，便急不及待買了一個，還說『早買早享受』。」

奇洛頓一頓，看看多多，續說：「最後，你不是買貴了很多嗎？我卻花了一個月時間到不同的玩具店『格價』」，成功以你購買的一半價錢就買到整套機械人了！」

聽到這裏，多多開始發現問題所在，感到有點羞愧和尷尬，低聲地說：「知道了，我以後買東西不會那麼衝動。」

先「格價」，勿衝動

　　一件完全相同的物品（如玩具機械人）在不同的店舖（如不同的玩具店）的售價未必相同。作為精明的消費者，我們應該在購買物品前先進行「格價」。

　　「格價」是指消費者對同一商品進行價格比較的行為，以找出最便宜的價格。現今社會，隨着互聯網的使用，消費者已不一定需要親身前往不同商店「格價」，因為他們可以安坐家中，使用電腦瀏覽各大大小小的網上商店或格價網站，就能知道商品在不同商店的售價了。

「格價」要逐家逐戶去問、去看。那豈不是很浪費時間嗎？😩

「格價」是需要時間的，但是想到最終能找到更價廉物美的東西，也是值得的。況且，在網上購物越來越盛行的年代，很多時候只需要透過智能電話或電腦來進行「格價」，較從前方便和省時得多了。

「格價」是為找到更便宜的物品。那我們是否只考慮價錢呢？🤔

當然不是。除了價錢外，我們還要考慮物品的質素。否則，買了劣質物品，價錢低也沒有用。當然，在相同的品質下，我們總希望能以較低的價錢購買到。

我聽人家說買東西一定要議價，會議價才會買到便宜的東西。這正確嗎？

有些情況的確如此。有些小型、個人開設的商店會接受顧客議價，並因應情況減價給他們。但是，也不是所有場合都適宜議價，如到超級市場購物、乘坐公共交通工具、到酒店餐廳吃自餐廳等。如在這些場合講價，不僅不能獲得折扣，更會被視為無禮。

哪家文具店的鉛筆最便宜？

小朋友，你是一名「格價」新手，還是一名「格價」高手？現在就來測試一下。奇洛打算購買 6 盒鉛筆，他分別到了 3 家文具店「格價」。他最後會到哪家文具店購買鉛筆呢？

文具店 A
每盒鉛筆 8 元。

文具店 B
每盒鉛筆 16 元，買兩盒送一盒。

文具店 C
兩盒鉛筆的售價是 15 元。

1　在文具店 A 購買 6 盒鉛筆，共需要支付：＿＿＿＿＿＿＿。

2　在文具店 B 購買 6 盒鉛筆，共需要支付：＿＿＿＿＿＿＿。

3　在文具店 C 購買 6 盒鉛筆，共需要支付：＿＿＿＿＿＿＿。

4　為了支付最少的金錢去購買 6 盒鉛筆，奇洛會到文具店 A /
　　文具店 B / 文具店 C 購買鉛筆。（請圈選答案）

先休息，後溫習？

期末考試將於下星期一正式開始，同學們都在努力溫習，希望能獲得**理想成績**。唯獨魯飛，他似乎很清閒。當所有同學都爭取時間，連小息的時間也不放過，在**拼命溫習**時，他卻悠然自得，還說：「我真的不明白，你們在瞎忙什麼。」

小寶忍不住氣，說：「考試快到了，你不重視成績、不溫習，不等於我們也跟你一樣。」

魯飛笑說：「我這個應試策略叫『**先休息，後溫習**』。你們這些凡人當然要溫習很久，但是對於我這個**天才**來說，每科溫習半天就夠了。星期日溫習中文，星期一上午考；星期一下午溫習英文，星期二上午考；星期二下午溫習數學，星期三上午考……」

小寶好言相勸：「即使你只需要半天就能溫習完一科，你也可以先溫習，有剩時間才休息，這樣做不會更

安心嗎?」

魯飛卻不領情:「你們這些凡人懂什麼!」

雖然小寶不認同,但見魯飛一臉自信,也不再多言。

豈知,**意外**真的發生了!星期一上午考完中文後,魯飛準備下午溫習英文。回家後,他竟發現英文課本不見了。他**東翻西找**,找來找去也找不到!他只好返回學校,才發現自己將書本放在抽屜裏。折騰一輪,他終於回到家

了，但是已近黃昏。任憑他拚命溫習，最終也來不及熟讀考試內容，成績當然**強差人意**。

後來，班主任比力克老師知道魯飛的經歷後，跟他說：「你這種『先休息，後溫習』的心態，就好像成年人**『先消費，後儲蓄』**的理財態度。」

魯飛不明白，問道：「我那次只是意外，在正常情況下『先休息，後溫習』很管用！而且『先消費，後儲蓄』又有什麼問題呢？購買心頭好，能帶來快樂。」

面對魯飛這「迷途小羔羊」（應該是「迷途小恐龍」），比力克老師只好**循循善誘**：「你說得對，如購買心愛的玩具，是一件快樂的事，我們當然應該消費。但是，如因**消費過度**而沒有儲蓄，到需要金錢應急時，就沒錢可用了。」

魯飛終於開竅了，說：「就好像我休息過多，就沒有時間溫習了。」比力克老師滿意地點點頭，魯飛續說：「那我以後要改變做法，在學習上，實行**『先溫習，後休息』**；在理財上，養成**『先儲蓄，後消費』**的習慣。」

先儲蓄，後消費

消費和儲蓄是處理金錢的兩個不同方式。當我們辛勤工作，賺取收入後，就獲得如何使用金錢的選擇。我們可以將金錢花費，以購買自己「需要」和「想要」的東西來享用 （如買喜歡的玩具），這就是消費。我們亦可以將收入儲存起來，暫時不用，待日後有需要時才使用，這就是儲蓄。

若然今天就能享受，大家當然不希望等到明天。然而，如要培養一個良好的理財習慣，我們有時也要學會等待，不要只懂消費，而不會儲蓄。否則，將金錢都花光，到未來需要使用時，就沒錢可用了。

實行「先儲蓄，後消費」，就是先將收入的部分留起，剩餘的部分才可以使用。例如，每賺取 10 元，就保留 5 元，最多只能花費 5 元。這種方式，最能保證我們能儲蓄，不會因花光金錢而成為「月光族」*。

* 月光族： 指每月賺的錢還沒到下個月的月初就被全部花光的一羣人。同時，也用來形容賺錢不多，每月收入僅可以維持每月基本開銷的一羣人。

消費買自己喜歡的東西是很開心的事，為了儲蓄而見到想買的東西也忍住不買，便有些難為自己😣。究竟我們為何要儲蓄？

儲蓄確實需要自制力，但是這最終也對你有益處的。我們永遠不會知道什麼時候有使用金錢的需要（例如：應急或實踐人生重大的計劃）。儲蓄讓我們為未來準備，以備不時之需。

你說得對，那我們將所有零用錢儲存，未來就必定有很多金錢了。😎

雖然儲蓄是好，但是也不能走向另一個極端。生活是需要平衡的，在為未來準備的同時，我們也要過好每天的生活。適度地花費部分金錢在自己「想要」的東西上，也是應該的。

消費為現在，儲蓄為將來，兩者都是為自己好。那我們應該消費多少呢？儲蓄多少呢？

有關消費與儲蓄的比例，也很難說一個絕對的比例。然而，你們還是可以根據精明消費（即「格價」和弄清「需要」與「想要」的原則）和避免衝動消費等方式，減少無謂的消費，那儲蓄的比例就自然會增加了。

衝動消費 VS 理智消費

小朋友，你是理智的消費者，還是衝動的消費者呢？現在就來測試一下。魯飛和海力分別代表兩類消費者，請看看有關他們的描述，然後判斷他們的消費行為會帶來什麼結果。請連線。

1

代表人物：魯飛
將金錢先用作購買自己心愛的東西，有剩下的才儲存起來。這種處理金錢的方式是「先消費，後儲蓄」。

代表人物：海力
先將部分金錢保留，再預算如何運用剩下的金錢購物。這種處理金錢的方式是「先儲蓄，後消費」。

●

●

●

●

結果
這種處理金錢的方式容易造成衝動消費和過度消費的情況。

結果
這種處理金錢的方式能幫助我們養成儲蓄的習慣，讓我們在既有的預算下做到理智消費和精明消費，把金錢用得其所。

2 你的消費行為像魯飛，還是像海力呢？

「燈油火蠟」通通要錢

「多多！你洗完澡了嗎？快點出來，我憋不住了！」奇洛在洗手間門外喊着。

「哥哥，你再等多一會兒，我快洗完澡了。啦啦啦……」原來多多正在浸浴，還把玩着他的小黃鴨和小船玩具。

「你已經進去快 30 分鐘了！洗澡洗那麼久，什麼『陳年老泥』也洗乾淨了吧！出來啊……」奇洛着急地說。

終於，洗手間大門打開了，迎面而來的，除了多多，還有一股暖烘烘的水蒸氣。奇洛顧不得什麼，馬上衝進洗手間，卻差點兒被地上的積水滑倒。

多多洗完澡便到客廳開啟了冷氣機，接着到廚房打開冰箱取飲品，然後舒舒服服地坐在沙發上拿出智能電話，準備玩他最近下載的電子遊戲。

奇洛上完廁所，正想投訴多多沒關上**熱水爐**，又沒關上**水龍頭**，怎料卻被媽媽搶先一步。

原來媽媽觀察了多多一個早上，終於忍不住說：「多多！請停止手上的一切，你知不知道自己做錯了什麼？」

多多感到**莫名其妙**，於是媽媽問：「開啟冷氣前，窗戶有沒有關好？」

「沒有。」多多說。

「從冰箱取飲品後，冰箱門有沒有關好？」

「……沒有。」多多小聲地說。

「洗澡後，熱水爐
和水龍頭有沒有關
好？」

「……
沒……沒
有。」多多
低下了頭。

「還有你房間的**檯燈**也一直亮着⋯⋯」

多多紅着臉向媽媽道歉：「媽媽，我知錯了，我以後會**節約**用電和用水，為**環保**出一分力。」

「你這些不節制的生活習慣，除了浪費能源外，還要家人為你付出高昂的電費、水費和煤氣費，大大增加了**家庭開支**。」媽媽邊說邊拿出電費單、水費單和煤氣費單。

多多這才**恍然大悟**，他從沒想過這些東西是要付錢的，從小到大他知道一打開水龍頭便有水，開燈便有光，開冷氣便會變得涼快，開電話就能上網⋯⋯但原來這些享受的背後，家人都要為他付出費用的。

奇洛看到多多一臉慚愧，便開玩笑說：「多多，只要你改掉這些浪費的壞習慣，不單可節約能源，更可節省家庭開支。這麼一來，媽媽便可以把省下來的**家用**，變成**私房錢**了！」

多多看看媽媽，只見媽媽臉上泛紅，尷尬地笑了起來。

培養節制生活習慣

　　俗語有云：「開門七件事，柴米油鹽醬醋茶」，意思是中國傳統家庭日常生活的七件必需品。但隨着時代變遷，維持家庭日常生活的必需品已經由傳統的七件事演變得更加繁複多樣，家庭維持衣食住行等日常生活的開支也隨着生活水平提升而逐漸增加。

　　房屋開支佔現今家庭支出的一大部分，並且是固定的。除此以外，家庭的日常開支還包括購買食材和日用品，而房屋裏的食水供應、電力供應、煤氣供應、網絡供應、電訊服務等，均需要按時繳費才能享用。若養成了浪費和不節制的生活習慣，便會使家庭開支大大增加呢！

我爸爸媽媽每個月都要交不同的費用，如電話費、電費，其實一般家庭是付費給什麼公司呢？

一般家庭需要付費的服務包括水、電、煤、網絡電訊等等。這些服務由不同的公共服務公司、政府部門或私營公司提供，例如：水費是交給政府水務處，電費及煤氣費則分別交給電力公司和煤氣公司，而網絡電訊費用則是交給提供相關服務的網絡供應商。

原來有這麼多不同的費用要交，那麼有沒有方法控制家庭開支呢？

一般來說，小朋友需要注意的是自己使用家中電器及手機的習慣。這兩項都容易在不自覺的情況下超出預算，例如：忘記關掉電器、使用手機下載大量影片或遊戲等壞習慣，有可能令你在不知不覺間增加了家庭開支。當然，小朋友也要留意有沒有浪費食物和日用品。

放心，媽媽給我煮的每一道食物，我都吃得津津有味，每餐都吃得清光！

我家的水費和電費是多少？

小朋友，你知不知道自己家庭的用電和用水情況是怎樣呢？香港每戶每月平均的用電量約為 380 度電量，用水量平均為每人每日 126.9 公升。你們家庭是「節約家族」，還是「浪費家族」？請完成以下任務，找出答案吧！

1 請向爸爸媽媽索取水費單及電費單，然後一起計算每月平均電費和水費。

每月平均電費：＿＿＿＿＿＿＿＿＿＿＿＿＿＿＿＿＿＿

每月平均水費：＿＿＿＿＿＿＿＿＿＿＿＿＿＿＿＿＿＿

2 哪些月份的電費和水費較高？你認為有何原因？

＿＿＿＿＿＿＿＿＿＿＿＿＿＿＿＿＿＿＿＿＿＿＿＿＿＿

＿＿＿＿＿＿＿＿＿＿＿＿＿＿＿＿＿＿＿＿＿＿＿＿＿＿

3 你有什麼方法節約用電、用水及其他能源和服務，以減低家庭開支呢？你願意嘗試嗎？

＿＿＿＿＿＿＿＿＿＿＿＿＿＿＿＿＿＿＿＿＿＿＿＿＿＿

＿＿＿＿＿＿＿＿＿＿＿＿＿＿＿＿＿＿＿＿＿＿＿＿＿＿

巧克力風波

　　奇洛很喜愛和擅長數學，素有「**數學王子**」之稱。他經常說：「我運算速度很快，無論是加、減、乘、除、分數、小數、正負數，再複雜的數學運算，都難不到我。」事實又的確如此，自小一開始，他每一年都獲得「級際運算冠軍」。然而，有時，他會將自己優越的數學能力錯誤地套用在日常生活，因而鬧出不少**笑話**。

　　有一次**學校旅行**，老師安排同學分組，並與組員分工合作，準備旅行物資。奇洛、小寶、海力和魯飛組成一組：海力與魯飛負責遊戲物資，他們準備了跳繩、UNO 紙牌等多款**遊戲**；奇洛與小寶則負責預備**零食和飲品**。他們每人付出 25 元，四人合共有 100 元可供購買食物。

　　在約定到超級市場購買食物當天，小寶致電奇洛：「奇洛，我今天感到身體不適，媽媽一會兒會帶我去診

所看醫生。你能否自己一個人去超級市場呢？」

奇洛爽快地回答：「當然沒有問題，請放心。我會善用這 100 元購買**物超所價**的食物給大家！」

小寶聽到奇洛如此自信滿滿，也就安心將此事交給他。

奇洛愛吃巧克力，堪稱「**巧克力大師**」，來到超級市場，自自然然走到擺放巧克力的零食貨架前。

「嘩！金牌巧克力**大特賣**，原價 40 元一包，現特價 30 元一包，50 元兩包，100 元 10 包。這道數學題難不到我的。」奇洛沾沾自喜，立刻運算起來，「買一包要 30 元，買兩包平均每包 25 元，買 10 包平均每包 10 元。10 元一包，這真是『**超級無敵**』物超所價！」

於是，他把大家湊起來的 100 元全都用來買金牌巧克力。

到了旅行當天，奇洛從背包裏取出**一包又一包**的金牌巧克力，總共有 10 包。小寶、海力與魯飛看到野餐

墊上盡是巧克力時，大家**面面相覷**，怎麼其他款式的零食和飲品一樣也沒有？

奇洛此時仍然懵然不知，問道：「我是不是一個很能幹的買手呢？平日 100 元也買不到 3 包金牌巧克力，我現時卻買到 10 包！」

小寶**無奈**地將巧克力遞給海力，然後苦笑着說：「為了大家的福祉，以後還是不要找奇洛買食物了！」

海力從背包中取出一支水，說：「我帶了**一支水**，大家分着喝吧。」

「需要」和「想要」的分別

在購物時，我們當然希望買到價廉物美的物品，這是精明消費的其中一個原則。然而，若然我們在購物時，沒有分辨清楚什麼是我們真正「需要」（need）的東西，我們就很容易會因為其他不相關的原因（如看到大減價或看到物品特別精美），而買了自己「想要」（want），但是根本不需要的物品。因此，在購物前，我們應該先弄清楚自己的真正需要是什麼。

在故事中，奇洛沒考慮到其他同學的「需要」（不同款式的零食和飲品），卻因為大特賣而將全部金錢用來買自己「想要」的金牌巧克力。這絕對不是明智的決定呢！

你問我答

「需要」和「想要」都是「要」，我真是分不清楚兩者啊！怎麼辦？😵

「需要」與「想要」，兩者確實有令人容易混淆的地方。簡單來説，「需要」是指我們在生活中不能或缺的，例如基本的食物，沒有了我們就難以生存;而「想要」很多時候只是指滿足心理或物質上的享受，而非生活必需品，例如：奢侈品、新款的文具或玩具。

是不是所有人「需要」和「想要」的東西也相同呢？

當然不是，例如對於學校距家很遠的同學，乘坐交通工具是「需要」的；然而，若然你上學只需離家步行數分鐘，但是你仍然堅持要坐巴士回校，那就不是「需要」，而是「想要」。

買自己「想要」的東西有錯嗎？為什麼不能買？😣

用自己的零用錢買自己「想要」的東西並沒有錯，然而我們要事先好好制定預算和儲蓄計劃，否則花費所有金錢購買「想要」沒必要的物品，我們就沒有金錢購買「需要」的物品了。

是「需要」，還是「想要」？

　　小朋友，你現在懂得分辨「需要」和「想要」了嗎？請看看以下人物的情況，然後判斷他們這些想法是「需要」或「想要」。請剔選。

1

布加：「我平日步行回校上學，但是最近因打籃球而弄傷了腳踝，所以我要坐巴士上學了。」

☐ 需要　　☐ 想要

2

魯飛：「這餐廳的套餐很美味和實惠，但是我還是想去吃自助餐，因為我喜歡琳瑯滿目的美食任我選擇。」

☐ 需要　　☐ 想要

3

伊雪：「這部智能電話我已用了兩年，性能仍然良好，但是我想換一部新的。」

☐ 需要　　☐ 想要

4

多多：「我已擁有很多文具，但是文具店清貨減貨，我還是要去買多些。」

☐ 需要　　☐ 想要

「神」級世界偉人

今個星期，常識科的主題是**世界偉人**，迪奧老師請同學輪流介紹自己心目中的世界偉人。

伊雪**率先**舉手：「老師讓我先來介紹。」老師點頭，伊雪便拿出一張照片，說：「大家知道照片中是誰嗎？」

魯飛帶點鄙視的語氣說：「這個不就是女團 White Pink 嗎？她們怎可能是偉人！」

伊雪反駁：「White Pink 的歌曲世界聞名，她們的隊長安娜當然是偉人啦。」

奇洛笑着說：「伊雪，你中了『**女團毒**』啊！」

老師難為地說：「每位同學心目中的標準都不一樣，沒有絕對的對錯。奇洛，現在由你來分享吧。」

奇洛介紹：「我為大家介紹的偉人是愛恩斯坦，他是當代最偉大的科學家，著名的物理學理論『**相對論**』就是他創立的。」

魯飛笑說：『**雙車輪**』？發明個車輪就可以當偉人，不是吧？」

奇洛驚訝地說：「魯飛，你怎可能連愛恩斯坦也不認識？」

老師沒料到這節常識課竟然演變成如此吵鬧，這時一臉認真的海力舉手，老師示意他發言。海力說：「我要為大家介紹的是被稱為『**神**』的偉人。」

「神，太誇張了吧！」同學們異口同聲地說。

海力説：「一點也不誇張，他就是憑着投資股票曾一度成為世界首富，被譽為股神的 **投資專家**——巴菲特。」

聽到這裏，老師靈機一觸説：「大家知道剛才提到的愛恩斯坦和巴菲特有什麼共同之處嗎？」

「**都是伯伯**。」　「**都是聰明人**。」　「**都是男人**。」

魯飛搖搖頭説：「你們真膚淺。老師，我知道，他們都是 **猶太人**。」

老師説：「魯飛，這回你答對了！猶太人是一個很有智慧的民族，亦被譽為很會賺錢、很懂得理財的民族。如果同學們想學習如何理財，可以從猶太人身上發現很多智慧呢。」

魯飛興奮地説：「我終於發現我的身世 **秘密** 了。」

老師問：「什麼？」

魯飛説：「我這麼聰明，又精打細算，我祖先一定是猶太人。」

哈哈哈哈，老師和同學們不約而同地大笑起來！

猶太人管錢的方法──五個錢罐法

據說，「五個錢罐法」是猶太人代代相傳的理財法寶。猶太人認為，如果我們有多少錢，就用多少錢，最終就會沒有剩下任何金錢，而變得貧窮。因此，猶太人在教孩子時，父母會準備五個錢罐，教孩子將獲得的金錢，分別放在這五個錢罐內，以學習如何更明智地運用金錢。這五個錢罐分別是奉獻錢罐、捐獻錢罐、儲蓄錢罐、投資錢罐和消費錢罐。運用以上五個錢罐，是用作教育孩子在處理金錢上，不能只為現在的享受，而要為未來準備，並為他人付出。

第一個是奉獻錢罐，裏面的金錢用作奉獻給神，希望獲得祂的祝福。

第二個是捐獻錢罐，裏面的金錢是用來幫助有需要的人。

第三個是儲蓄錢罐，裏面的金錢是剩下來現在不用，留待未來用的。

第四個是投資錢罐，裏面的金錢是用來創造更多的金錢。

第五個是消費錢罐，孩子可以用這些金錢，來購買東西。

為什麼一定要將錢分配在五個錢罐呢？四個、六個不可以嗎？😌

「五個錢罐法」只是其中一種理財建議。有些理財專家提出過其他方式，如「六個罐子理財法」、「四本存摺儲蓄法」等。這些方法大同小異，最終目的旨在教導人們善用金錢。

我們年齡那麼小，那會懂得投資。對於我們來說，投資錢罐不就是沒用了嗎？另外，我和家人也沒有宗教信仰，奉獻錢罐也沒用了，對嗎？

不將金錢放在投資錢罐，也可以將這些金錢放在儲蓄錢罐，它們同樣是為你未來而設的錢罐；同樣地，不將金錢放在奉獻錢罐，也可以將這些金錢放在捐獻錢罐。俗語有云：施比受更有福，能捐錢助人也是自己的福氣。😇

如實施五個錢罐法，我們只能用五分之一來消費，那不是對自己太差了嗎？

也不是，儲蓄錢罐和投資錢罐中的金錢，最終如何使用也是由你自己作主的。它們只是讓你保留多些金錢為未來打算；而另外兩個錢罐，則是透過奉獻和捐獻，祝福自己和別人，也是十分值得的。

B

怎樣分配金錢？

小朋友，你學會了「五個錢罐法」嗎？請看看以下人物分配金錢的情況，然後判斷他們把金錢放在哪些的錢罐。請圈選答案。

① 今年晴晴收到很多利是錢，媽媽說讓她自己計劃如何使用。她會把一部分購買心愛的玩具，另一部分則留待日後使用。

奉獻錢罐 / 捐獻錢罐 / 儲蓄錢罐 / 投資錢罐 / 消費錢罐

② 小諾的爸爸是一個眼光長遠的人，他會將收入的四分之一儲存起來，另外四分之一會用作購買股票，希望得到理想的回報。

奉獻錢罐 / 捐獻錢罐 / 儲蓄錢罐 / 投資錢罐 / 消費錢罐

③ 李老師很熱心助人，她經常捐贈金錢予慈善機構，以幫助有需要協助的人。另外，作為一名教徒，她每個月也會將收入的十分之一獻給她所屬的教會。

奉獻錢罐 / 捐獻錢罐 / 儲蓄錢罐 / 投資錢罐 / 消費錢罐

20 枚遊戲代幣的煩惱

這天爸爸帶布加和小寶到**兒童樂園**。他先到櫃檯兌換遊戲代幣，然後對兩兄妹說：「布加、小寶，每人一袋 **20 枚遊戲代幣**，你們自己決定用這些代幣玩什麼遊戲吧。」

小寶接過代幣，馬上奔向**寶石機**。她投進兩枚代幣，換來一次夾寶石的機會。她全神貫注，第一次便成功夾到了一顆粉紅色的玩具寶石。於是，她又投進兩枚代幣，這次卻在最後關頭**失手**。她有點不甘心，再次投進兩枚代幣，可是這次也是失敗了。

小寶生氣了，向爸爸投訴：「這部寶石機有問題，我明明夾到了寶石，抓子卻突然在中途鬆開！」

爸爸說：「這裏還有很多遊戲，這個不好玩，就玩別的吧。」

可是小寶氣得什麼也聽不進耳朵，繼續向寶石機投

進一枚又一枚的代幣。最後,她用光 20 枚代幣,只換來一顆玩具寶石。

　　小寶歎了口氣,自言自語:「這裏有這樣多不同款式的遊戲機,我卻把全部代幣花在寶石機上,真是個**笨蛋**!」

　　另一邊廂,小寶哥哥布加接過代幣後,逛了兒童樂園數圈,好像在盤算什麼。爸爸好奇地問:「布加,為什麼你只在看,卻不玩呢?」

　　布加說:「我在想想怎樣**好好運用**這 20 枚代幣。籃球機每局 5 枚代幣,射槍遊戲機每局 6 枚代幣,糖果機每局 3 枚代幣,以上共要 14 枚代幣。那剩下 6 枚代幣,我還得想想怎運用。」

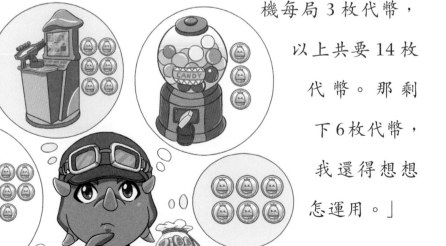

之後，布加按照自己的**計劃**去玩。小寶看到哥哥能玩這麼多款式的遊戲，自己卻光玩了一款遊戲，不禁連聲歎氣。

細心的布加又怎會留意不到小寶**落寞**的神情，於是對她說：「小寶，我還有 6 枚代幣未用，不如我給你吧！」

小寶雙眼**亮晶晶地**望着哥哥說：「謝謝哥哥！」

小寶接過代幣，目光注視着寶石機。布加心裏想：「難道妹妹還是不甘心，想繼續玩這個寶石機？」

小寶對布加說：「哥哥，我以後也不會亂來，我會學你想清楚並好好計劃。」

爸爸聽到小寶的話，說：「這樣就對了，玩耍也好，做事也好，先想清楚，才**不會後悔**。」

「但是我想清楚後，還是喜歡玩夾寶石。」小寶邊說邊奔向寶石機。

爸爸與布加交換了眼神，搖搖頭說：「又是**老模樣**了！」

製作預算

　　預算讓我們想清楚該怎樣分配金錢，清楚知道金錢的去向，把有限的金錢運用得最恰當。有時候，我們會因為一時衝動，買了一些不需要或不需要那麼多的東西。

　　在故事中，除了夾寶石外，兒童樂園還有很多好玩的遊戲。然而，小寶因為一時衝動，便將所有的代幣都投進寶石機，最後只換來一顆玩具寶石，並錯失了玩其他遊戲的機會。

　　相反，布加一開始便在心裏做了一個簡單的預算，弄清楚自己該如何分配代幣在自己想玩的各款遊戲上。透過分配和簡單的計算，布加能將代幣用在他想用的地方。在日常生活中，如果各位小朋友能夠像布加一樣，在使用金錢時先做預算，那就必定能夠做到精明消費了。

你們不覺得製作預算是一件很沒趣的事嗎？我們去玩，當然希望能隨心所欲，想玩什麼就玩什麼。

你說得對，若然有無限的金錢和時間，我們不用想太多。可是，金錢和時間均有限。如我們不細心想想，並好好計劃，亂花了金錢在沒什麼價值的地方，就再沒有剩餘的去購買自己真正喜愛和需要的東西了。

我也想開始製作預算，但應該如何做呢？

簡單來說，預算可分為開支與收入兩個項目。收入是你獲得的金錢數目，如爸爸媽媽給予的零用錢；開支就是你花費的金錢。一個好的預算，是要讓你的開支不超過你的收入。如你每個星期的零用錢只有 100 元，那除非你本身有儲蓄，否則就不能買價錢高於 100 元的東西。

我每星期只有少量零用錢，也需要做預算嗎？而且怎樣預算也未能滿足我的消費要求。

雖然你們零用錢不多，但是只要有耐性，堅持儲蓄，也可累積到足夠的金錢，購買你們想要的東西的。

理財小達人訓練

怎樣運用 30 枚遊戲代幣呢？

　　小朋友，你想試試做預算嗎？以下是快樂兒童樂園各款遊戲的收費表，當中哪些遊戲是你喜歡的？哪款遊戲每局的收費最便宜，哪款最昂貴？如果你有 30 枚遊戲代幣，你會怎麼預算呢？請把你的選擇填在空格裏。

各款遊戲所需代幣	選擇次數	使用代幣
夾公仔機： 每局 3 枚代幣	＿＿＿＿＿次	＿＿＿＿＿枚
投射籃球機： 每局 8 枚代幣	＿＿＿＿＿次	＿＿＿＿＿枚
擲彩虹： 每局 1 枚代幣	＿＿＿＿＿次	＿＿＿＿＿枚
消防員射水救火遊戲機 ： 每局 8 枚代幣	＿＿＿＿＿次	＿＿＿＿＿枚
小型旋轉木馬： 每局 5 枚代幣	＿＿＿＿＿次	＿＿＿＿＿枚

根據你的預算，你總共使用了多少枚代幣？玩了多少次遊戲？

枚代幣　　　　　　　　　　次遊戲

誰來做家務？

在一個假日的下午，奇洛與多多正懶洋洋地坐在沙發上，邊看**卡通片**邊吃零食。正當他們看得入神之際，媽媽突然出現，並責備他們：「奇洛、多多，你們已經看了電視很久，還這麼不小心把零食碎屑掉在地上。現在快起來，給我收拾這裏！」

奇洛與多多從沙發上跳了下來，討論着今天該由誰**做家務**。平常逢星期一三五是奇洛負責的，星期二四六是多多負責的，可今天是星期天，應該是他倆**休息**的日子。

於是兩兄弟就大着膽子問媽媽：「今天是星期天，不該是我們做家務的日子，所以我們今天要**罷工**！」

多多更趁機提出：「對啊對啊！除非媽媽你增加我們的**零用錢**，否則我們是不會**加班**的！」

面對這兩個小淘氣的反抗，媽媽哭笑不得問道：「什

麼是**工作**，什麼是**收入**？你們懂嗎？」

多多搶先回答：「我知道，平常爸爸每天到公司**上班**就是工作，爸爸要工作才有收入養活我們一家人。」

「多多，你說得對！那麼媽媽呢？我的工作是什麼？」媽媽追問。

「媽媽，你天天在家中照顧我們，你沒有上班，沒有工作，你只是個**家庭主婦**！」多多天真地說。

「媽媽當然不是沒有工作啦！媽媽的工作就是**照顧**我們一家人，不過她是家庭主婦，所以才

沒有收入。」這時聰明的奇洛更正了弟弟。

　　媽媽面露微笑，説：「你們兩個都有説得對的地方。媽媽是家庭主婦，沒有直接的收入。我的工作就是每天照顧家人、處理家務，所以我也沒有假期。那麼為什麼我要你們**分擔家務**呢？那是因為你們是家中的一分子，自然有責任幫媽媽一起打理這個家。」

　　這時，多多還是有點不明白，問道：「媽媽，你既然沒有收入，為什麼還可以給我們零用錢呢？」

　　媽媽回答：「這是因為爸爸每個月也會把他的大部分收入作為這個家庭的**開支**，所以媽媽收到了這些**家用**便會有零用錢給你們。但是你們要記着這些零用錢不是你們做家務的人工，而是給你們平常用來買些零食小玩意。」

　　多多與奇洛互相對望，異口同聲地説：「媽媽，我們明白了，**謝謝**你平常這麼辛勤的照顧我們，今天就讓我倆一起幫忙打掃吧！」

　　「媽媽，對了，如果爸爸增加家用給你，那你也會增加我們的零用錢吧！」多多**滿心歡喜**地期待着。

工作與收入

　　在現代社會中，工作指日常有規律的勞動，而收入或工資則是在勞動過後所獲取的報酬。不同的職業有其不同的工作性質，劃分工作類別的方式有很多，例如：體力勞動型工作、服務型工作等等。

　　不同工作的收入水平也不一樣，在一般情況下工作性質越專業的工作，其工資水平越高，例如：醫生及律師等工作涉及的專科知識和訓練較多，故在各種工作中有較高的收入水平。

 家庭主婦也算是職業的一種，但卻又沒有直接的收入。這樣對於做家務的人士來說是不是很不公平呢？

這個除了涉及工作與收入的概念外，還涉及家庭崗位分工的概念。媽媽作為家庭主婦，她的工作不會得到直接的金錢作為報酬，這是因為她作為家庭的一分子因而選擇擔當了這個崗位。但如果由外傭或家務助理來幫忙處理家務的話，這便是正式的工作，並需要計算薪金給他們了。

 為什麼有些工作的工時很長，但人工卻很少？那麼做這些工作的人怎麼能夠維持日常的生活需要呢？

我們可以用「物以罕為貴」來理解為何有人工的差異。越少人能夠掌握的技能，在市場上的價值便越高，人工自然會比較高。有些職業需要多年專科訓練，例如：醫生、律師，這些職業的人工會比較高。相對地，若工作只需要比較基本的技能，那麼人工就會比較低。的確部分比較基層的勞工每天賺取的收入不高，難以維持日常生活開支。所以，政府便要設立最低工資保障或其他福利政策去支援他們，讓他們能維持日常生活所需。

各行各業人工知多少

小朋友，你認識哪些職業呢？你知道這些職業的人工待遇嗎？請猜猜以下職業的平均月薪起薪點。

| A. HK$45,000 | B. HK$37,000 | C. HK$28,000 | D. HK$56,000 |

1

投資銀行 iBanker

起薪點：＿＿＿＿＿＿

消防隊長

起薪點：＿＿＿＿＿＿

駐院醫生

起薪點：＿＿＿＿＿＿

註冊護士

起薪點：＿＿＿＿＿＿

2 想一想，說說看：

- 為什麼某些職業的薪金特別高？這些職業需要什麼專業知識或特殊技能呢？
- 你長大後想從事哪個職業呢？你需要怎樣做才能從事這個職業呢？

分享財富
愛心飯票

今天，媽媽帶奇洛和多多到一家他們從未光顧過的茶餐廳。這家餐廳的裝修與環境**平平無奇**，甚至有一點殘舊。多多一走進去就馬上嚷着：「為什麼我們不去平常那家快餐店呢？那裏的**照燒牛肉漢堡包**好吃極了！」

媽媽微笑着説：「這家餐廳與眾不同，你們待會兒便知道。」

兩兄弟聽見媽媽故作神秘，紛紛猜想着會有什麼驚喜！難道是**隱世美食**？果然，不一會兒餐廳外開始聚集了人羣，兩兄弟**越來越興奮**，期待着會有什麼精彩的事情。

突然間，奇洛發現了一些奇怪的地方，他觀察到在門外排隊的大多是頭髮**花花白白**的老人們。他們不是拿着拐杖，便是彎着腰，手上還拿着一張類似**輪候籌**的東西，**探頭探腦**地看着餐廳裏的食物。

多多也被這景象吸引着，問媽媽：「為什麼這麼多公公婆婆拿着籌在外面等候呢？這裏還有座位啊！」

「小朋友，他們不是排隊等着進來餐廳的，而是拿着**飯票**等着換領我們的**愛心飯盒**呢！」餐廳的老闆叔叔一邊說，一邊拿着一盤盤熱騰騰的食物放到門外的桌子上，再把食物裝進一個個飯盒裏面，派發給門外的公公婆婆。

媽媽看到兩兄弟還是**一頭霧水**，便補充：「這家餐廳的特別之處正是他們會派飯盒給拿着飯票的**弱勢社羣**，而這些飯票都以非常優惠的價錢發售，供我們購買並轉贈予有需要的人士。」

好奇的奇洛問道：「老闆叔叔，你餐廳的飯票那麼便宜，派發的飯盒卻真材實料，那你豈不是賺不了錢？」

老闆一邊派發飯盒，一邊回答：「我做這些事本來就不是為了賺大錢，這家餐廳能夠維持到**收支平衡**後，我便把有餘的都分享給這個社區裏面有需要的人士。他們很多都是來自**草根階層**，三餐溫飽都難以兼顧，我派這些飯盒只是盡自己的能力去幫他們。」

媽媽點點頭說：「這個便是我帶你們來這裏的原因，用行動去支持這家**愛心茶餐廳**。很多時候，我們的生活比較富足，只懂得追求更好的享受，往往忽略了身邊很多有需要幫助的弱勢社羣。即使我們未必能付出許多，但只要每個人都盡自己的能力，就會**積少成多**。」

兩兄弟若有所思，於是老闆笑着說：「你倆已經踏出了第一步，現在就來享受這裏馳名的『**叉燒漢堡包**』吧！」

為慈善，分享財富

慈善活動屬於分享自己所擁有資源的行為，而根據財分三份的「3S 原則」，即是 Saving（儲蓄）、Spending（消費）和 Sharing（分享），慈善活動便是分享的一種。

人們行善可以是出於同理心，理解到不同有需要人士所面對的困境，並給予他們各類型的援助。簡單如捐錢給慈善機構或贈送物資給有需要人士，又或者是參與不同類型的義工活動，均屬於慈善活動之一，參與者可以透過付出金錢、時間、勞力等行為去給予支持。

剛才提及的財分三份「3S原則」，那麼我到底應該「分享」多少才算適合呢？我自己有的零用錢本來也不多……😑

你不需要感到難為情，這是很多小朋友都面對的兩難，很想捐錢幫助人，但又不知到該捐多少才適合。如果你有行善的力量，就應該去幫助有需要的人，但也不需要過分勉強自己。你可以和爸爸媽媽訂立一個自己覺得適當的比例，例如：基督教提倡的「十一奉獻」便是鼓勵教徒把自己擁有的十分之一捐助給有需要的人。

但是如果我擁有的錢真的不多，但我又很想幫助有需要的人，我還有什麼方法去行善呢？

這是一個很好的問題。捐錢給慈善機構其實只是最簡單的第一步，我們可以做的事情還有很多，例如：親身參與一些義工服務、探訪老人院、派飯送暖、清潔海灘等等。你的行動有時比起金錢捐助更有力，更直接地幫到有需要的人呢！😇

構思慈善挑戰

小朋友，你曾參與過慈善活動嗎？早前有網民在社交網絡上發起了一個名為冰桶挑戰（Ice Bucket Challenge）的慈善活動，為患有漸凍人症的組織籌款。

冰桶挑战

挑戰者需要向自己倒上一桶冰水，用意是模擬漸凍人症患者所面對的麻痺感覺。

該活動在全球引起極大迴響，最終成功為全球不同的關注漸凍人組織籌得大量善款。小朋友，你能參考冰桶挑戰的模式，構思一個慈善挑戰，鼓勵人關注某些有需要人士或某些特定議題嗎？

我的構思

慈善挑戰名稱：＿＿＿＿＿＿＿＿＿＿＿＿＿＿＿

籌款目的：＿＿＿＿＿＿＿＿＿＿＿＿＿＿＿＿＿

＿＿＿＿＿＿＿＿＿＿＿＿＿＿＿＿＿＿＿＿＿＿＿

進行方式：＿＿＿＿＿＿＿＿＿＿＿＿＿＿＿

＿＿＿＿＿＿＿＿＿＿＿＿＿＿＿＿＿＿＿

＿＿＿＿＿＿＿＿＿＿＿＿＿＿＿＿＿

忘記了還書啊！

一個下午，奇洛與小寶結伴放學。回家途中，他們看到一輛停泊在路旁的汽車的車頭放了**一張紙**。小寶好奇地問：「奇洛，這張紙是什麼？」

奇洛說：「這不是紙，是『**牛肉乾**』，亦即是**違例泊車罰款告票**。」

小寶又問：「為什麼在路旁泊車便要罰款呢？我看到很多汽車也是隨意泊在路旁的啊。」

奇洛搖搖頭說：「也許是**法例規定**吧？我也不清楚為何要罰款呢？我們明天回學校問問老師吧！」

說起「罰款」，小寶突然想起了自己仍未歸還圖書。**逾期歸還**圖書，可是要每天罰款的呢！她焦急地看看書包裏的那本書，幸好明天才是到期日。小寶鬆了口氣，對奇洛說：「我們明天一起到學校圖書館好嗎？」

「好啊，我也正打算到圖書館借書，海力跟我說《奇

龍族學園：數學力大爆發》這本書超級好看！」奇洛說。

第二天，他們來到圖書館。正當小寶要從書包中拿出圖書歸還時，才發現它根本不在書包裏。她左思右想，想起了自己昨晚在家中看書後，忘記把它放回書包裏。

小寶**心虛**地問圖書館職員：「請問……如果我想歸還圖書卻忘記了帶——我明天一定會帶回來的，但……

但這本書今日就到期了，可否不⋯⋯不用罰款呢？」

「這位同學，圖書館規定逾期歸還圖書，每本書每天罰款1元！我可不能因為你來**求情**，便豁免你的罰款。這樣豈不是人人都可以不用遵守規則？」職員回答。

這時，班主任比力克老師聽到了他們的對話，便走過來說：「小寶，管理員說得對。罰款的制定就是要警惕人們避免犯規。逾期還書、亂拋垃圾、違例泊車等罰款，它們的目的就是利用**經濟誘因**去迫使人們遵守某些規則，因為單靠自律有時並不足以管理到人們的行為。」

小寶點點頭說：「我明白了，那麼我儘量不借東西、不犯法，這便能夠避免因為犯規而被罰款了。」

「說不定呢！將來你處理財務時，或需要你準時還款，例如：使用**信用卡**便要準時每月歸還卡數、向銀行申請**物業按揭**同樣要每月歸還貸款，否則銀行便會向你收取額外**利息**作罰款，那可不是一筆小數目。如逾期還款情況嚴重，甚至會影響你的**信貸評級**，銀行便不會再借錢給你。所以你還是養成**準時歸還**的好習慣吧！」

準時歸還好習慣

　　在故事中，小寶所涉及的罰款只是屬於日常生活中違規的小問題。然而延伸至法律層面，罰款則是屬於刑罰的一種，通常用於比較輕微的罪行或違法行為，例如與交通、環境衞生等相關法例，罰款金額則按嚴重程度而定。

　　在理財層面，部分罰款則不涉及干犯法例。例如遲了歸還銀行的貸款或信用卡卡數，銀行便會懲罰性地收取手續費或額外利息，目的同樣是透過罰款鼓勵借貸人準時還款。如果信用卡持有人真的未能及時償還所有卡數，銀行也會提供最低還款額等方式，讓人先歸還利息，之後才歸還本金。但這樣只是短暫舒緩財政問題，並沒有真正還款，最終還是要繳付更多的利息。

我看到電視的財務廣告經常說可借錢給人們還「Min Pay」，到底這是什麼東西？

「Min Pay」其實就是「Minimum Payment」的簡寫，意思即是只歸還信用卡卡數的最低還款額。

那麼為何信用卡要設有最低還款額，而不要求人們每次均全數還款呢？

其實信用卡公司理論上是鼓勵信用卡持有人每月準時全數還款的，這個亦是良好的理財習慣。但是有些人可能出現財務上周轉不靈等問題，短期內未必有足夠金錢還款，於是便設有最低還款額讓這些人們解決燃眉之急。

那麼如果我長期都只繳交最低還款額的話，會有什麼問題？

只繳交最低還款額其實是「糖衣毒藥」。感覺上你似乎不用馬上歸還全數金額，但其實當中仍然會計算高昂的利息，更重要的是會影響你的信貸評級，銀行未必相信你有穩健的財政狀況而有可能不再願意借錢給你。

理財小達人訓練

按時繳交賬單

小朋友，你知道家人平常要繳交哪些費用嗎？在日常的生活中，大人經常有很多不同的賬單需要繳付。請你做一做資料搜集，找出下列賬單的繳交頻率。

賬單類型	繳交頻率
例： 水費單	每 __4 個月__ 繳交
電費單	每 _____ 繳交
電話費單	每 _____ 繳交
煤氣費單	每 _____ 繳交
信用卡賬單	每 _____ 繳交
稅單	每 _____ 繳交

保管財物
草莓雪糕的代價

　　布加是公認的**好哥哥**，這天他在學校門口等待妹妹小寶放學。小寶看到在校門熟悉的身影，連跑帶跳的來到哥哥面前，撒嬌道：「哥哥，我肚子餓了！可否回家時到便利店買些零食呢？我很想吃那新推出的**草莓雪糕**呢！」

　　布加溫柔地回答：「好吧！我帶你去買雪糕，你乖乖吃完便要回家做功課。」

　　「沒問題，我本來就是個乖孩子！」小寶扮扮**鬼臉**，然後箭也似的跑往學校附近的便利店，還邊跑邊從書包裏掏出**錢包**，準備第一時間付錢買雪糕。

　　小寶來到便利店的收銀處，說：「姨姨您好，我想要一杯『**甜言蜜語**』草莓雪糕！」

　　「好的小妹妹，承惠**9元5毫**。」收銀員說。

　　小寶看了看錢包，發現裏面只有一張**500元鈔**

票，那是媽媽給她明天交膳食費用的，不能隨便使用。

於是，她再次打開書包，掏出一個專放硬幣的**零錢包**，好不容易湊夠 9 元 5 毫交給收銀員姨姨。

　　小寶從收銀員姨姨手上接過草莓雪糕，便離開便利商，想着怎樣享受這個香甜美味的雪糕：一口吃掉？還是一口一口地舔着？忽然附近一個叔叔高聲大叫：「有**小偷**啊！有小偷啊！」然後一個影子在小寶面前掠過。

　　「小寶，那小偷偷走了你的錢包了！」布加從便利店跑出來。

這時，小寶**如夢初醒**，回頭看看自己的書包。果然書包的拉鍊沒關好，裏面的錢包也不見了！這錢包中除了有媽媽給她的 500 元之外，還有各種證件。小寶驚慌得哭了起來，**淚眼汪汪**地站在街上。

與此同時，一個熱心的路人攔住了小偷，那個小偷奮力抗爭，在掙扎之間扔下了小寶的錢包，然後逃走了。

布加拾起地上的錢包，走到小寶身旁，**安慰**着她：「不要緊，哥哥替你拿回錢包了，你快點看看裏面有沒有什麼不見了？」

小寶打開錢包，所有證件**原封不動**，只是那張500元鈔票已被搶走了。想到**損失**了這麼多錢，她哭得更厲害，嗚咽着説：「都怪我不小心，沒有關好書包的拉鍊……」

布加連忙安慰：「幸好證件沒有弄失，你也沒受傷。下次你要記得**小心保管**自己的**財物**，錢包要放在內袋裏，並拉上拉鍊。在公眾地方時，別樂極忘形！看，你的雪糕溶掉了，我去買一個新的給你吧！」

小寶望着哥哥又望着雪糕，轉眼便**破涕為笑**。

小心保管個人財物

　　在故事中，小寶因為太心急要吃到心愛的雪糕而忘記好好保管自己的錢包。其實，在現實生活中，很多小朋友也會有這個壞習慣，把自己的財物隨意放在桌上或者沒有收好便走開了。這樣除了自己會弄丟了財物外，更會讓小偷有機可乘。

　　所以你們必須要小心保管財物，例如：使用掛頸式錢包或一些連着書包或褲袋的鑰匙扣，避免在錢包中放太多金錢或太重要的證件。如果真的帶了比較多金錢，就謹記「財不可以露眼」的原則，避免在公眾場合點算大量金錢，以免引起不法之徒的注意。

如果我真的弄丟了自己的財物👀，我即時應該怎麼辦？

這個要視乎你在哪裏不見了自己的財物。如果是在學校丟失財物的話，應該第一時間找老師報失，或者可以去學校的失物認領處尋找。但如果是在街道上不見了的話，建議你可嘗試按着自己當日活動的路線沿途尋找一遍，然後再告訴家長甚至報失處理。

有時候我要交興趣班的學費時，會在身上帶着大量現金。我應該怎樣保管好自己的財物才比較安全呢？

當身上帶着比較多現金時，需要非常警惕謹慎。建議把那些金錢用獨立的信封或公文袋裝好，然後放在書包的內袋或暗格裏面，減低在翻弄個人物品而丟失的風險。儘量避免把大量現金放在錢包裏面，亦可以分開存放以分散風險。😜

分開擺放財物的話豈不是有更多東西要兼顧？😵怎會更加安全呢？

如果把所有現金放在一起的話，發生意外時全部現金便都不能倖免。因此，如果你有大量財物，分開妥善地存放可以減低你發生意外時的損失。

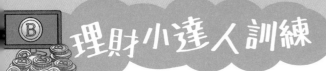
怎樣妥善存放財物？

　　小朋友，你學會了「財不可以露眼」這原則了嗎？隨意擺放財物，不單會引起不法之徒的注意，還讓他們更輕易得手。因此我們要學會妥善存放財物，以免招至不必要的損失。現在就來考考你。請判斷以下財物該存放在哪個或哪些合適的地方。請圈選答案。

錢包　　夾萬　　褲袋　　銀行　　掛頸卡套

1 500 元現金

　　錢包 / 夾萬 / 褲袋 / 銀行 / 掛頸卡套 / 其他地方：＿＿＿＿＿＿

2 鑽石戒指

　　錢包 / 夾萬 / 褲袋 / 銀行 / 掛頸卡套 / 其他地方：＿＿＿＿＿＿

3 智能電話

　　錢包 / 夾萬 / 褲袋 / 銀行 / 掛頸卡套 / 其他地方：＿＿＿＿＿＿

4 八達通卡

　　錢包 / 夾萬 / 褲袋 / 銀行 / 掛頸卡套 / 其他地方：＿＿＿＿＿＿

5 所有儲蓄

　　錢包 / 夾萬 / 褲袋 / 銀行 / 掛頸卡套 / 其他地方：＿＿＿＿＿＿

6 鑰匙

　　錢包 / 夾萬 / 褲袋 / 銀行 / 掛頸卡套 / 其他地方：＿＿＿＿＿＿

　　小息鐘聲響起，小寶與伊雪相約到小賣部買零食。她們在樓梯間碰見了魯飛，魯飛興奮地向她們炫耀着胸前的一張**八達通卡**，說：「這張是媽媽給我的**特別版**八達通卡，跟你們那些卡不一樣。當我用光卡內的錢後，它會自動變回有錢。呵呵，所以我可以買到很多很多的零食！」

三人來到小賣部，魯飛**急不及待**地向小寶和伊雪展示他那張八達通卡的威力，他對小賣部姨姨說：「姨姨您好，我想買最貴的零食：一隻**豉油皇雞腿**，再加一枝**維他奶**！」

小寶流露出羨慕的目光，說：「平日我不捨得買豉油皇雞腿吃，可知一隻要 20 元，實在是太貴了！魯飛，你媽媽真好，給了你一張那麼屬害的八達通卡。我媽媽每個月只會為我那張八達通卡**增值** 200 元，給我買點零食和乘車用，錢用光了就沒有。」

「**嘟！**」魯飛一邊聽着小寶說話，一邊在感應器上拍卡付款，面露自豪的表情。

伊雪忍不住問：「魯飛，你這張卡那麼神奇，有**用之不盡**的錢，不如借給我們用來買零食吧？」

魯飛心想：「反正卡內的錢用光後，又會自動變回有錢，就讓她們開開眼界吧。」於是便把卡借給伊雪與小寶。

伊雪與小寶老實不客氣地買了兩包薯片、三盒百力滋和兩串燒賣。「嘟嘟！」這次拍卡後所發出的聲音與前不同，餘額顯示為負數，但當她們再次拍卡時，神奇的事情發生了，餘額變為 500 元！

　　「哇！！！」這時在旁邊的同學們都看到了，爭相要看看魯飛那張神奇的八達通卡。魯飛得意忘形，高興地宣布請在場的同學們喝飲料！同學們紛紛上前拿起飲料，請魯飛替他們拍卡付款！

　　小賣部前鬧哄哄的情景引起了班主任比力克老師的注意，他於是上前了解情況。魯飛驕傲地向老師介紹他那張神奇的八達通卡，老師聽後臉色一沉，認真地說：「魯飛，你那張卡並非什麼神奇的八達通卡，而是一張附加了自動增值功能的八達通卡。這個功能是方便人們用光卡上的金額後，可以馬上從信用卡裏提取金錢自動增值。所以，剛才你買零食和請客的費用，最終還是由你媽媽付錢的。你這樣胡亂花費，回家後一定要跟媽媽道歉並改過……你的豉油皇雞腿冷掉了，快點吃吧！」

　　「我知錯了。」魯飛紅着臉說，然後起勁地啃起雞腿來。

看不見的電子貨幣

聰明的小朋友也許早就猜到魯飛那張並不是什麼神奇的八達通卡，而是附加了自動增值功能的八達通卡。其實，八達通的應用背後涉及高科技概念：電子貨幣。

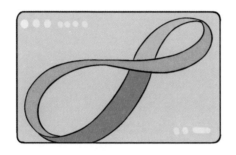

原來，金錢除了以我們實質可以觸摸到的現金形式（如：硬幣、紙幣）出現外，還可以以電子貨幣的形式出現。八達通卡就是電子貨幣的其中一種模式，以儲值的方式，儲存了消費者可用的儲值額和消費記錄在卡內的晶片上。消費者可以在指定的地方（如商店）以現金為卡增值，這個過程就能把實體貨幣轉換成電子貨幣。

自動增值這麼方便，為何有些人不使用這個服務呢？

使用電子貨幣自動增值的確是方便了人們使用八達通卡，不過小朋友需要注意別因為看不到實體金錢就有錯覺以為用八達通卡不花錢，或者看到可以自動增值就沒有節制地花錢，最後就會不小心越用越多，養成過度消費的壞習慣。

八達通卡的餘額用光了就可以自動增值，如果我弄丟了豈不是很危險？

大多數的自動增值服務可設定每日自動增值的金額上限，由 $150 至 $500，減少遺失八達通卡後有機會帶來的損失。若果真的遺失了，就必須第一時間通知信用卡公司暫停增值服務。

使用電子貨幣時，有什麼方法可提醒自己不會胡亂消費？

在電子貨幣的交易過程，往往只顯示一堆數字，而沒有看到或摸到實體現金，這樣會令人產生一種「沒有使用了太多金錢」的錯覺，又或者降低了自己節制消費的心理防衛。我們可以透過設定消費限額來提醒自己不要過度消費，又或者在手機的付費功能上加入需要家長輸入密碼等方法，避免胡亂消費。

設定自動增值金額

　　小朋友，你的八達通卡有沒有自動增值功能呢？你覺得自己需要自動增值功能嗎？現在考考你。請看看以下人物的年齡、性格特質、職業及日常生活需求，判斷他們的八達通卡是否需要自動增值功能。如需要，又應選擇哪個自動增值金額。

A. 每日自動增值額 $500　　B. 每日自動增值額 $250
C. 每日自動增值額 $100　　D. 不需要自動增值服務

❶ 外賣速遞員	❷ 全職家庭主婦	❸ 五年級學生
經常需要乘坐不同交通工具送外賣，工作非常忙碌，爭分奪秒，性格急躁，容易不耐煩。	經常在超級市場及街市購物，每次為一家五口買菜都要花費數百元，性格精打細算。	性格冒失粗心大意。經常到學校小賣部買零食，偶爾需要購買日常使用的文具，平日自行乘搭小巴上學。
建議選用：_____	建議選用：_____	建議選用：_____

77

「奇洛、魯飛，你們昨日有沒有玩網上遊戲那個**限時任務**？難度很高呢，我玩了 5 次也打不過那個**終極大魔王**呢！」海力可惜地說。

奇洛驕傲地回答：「海力，你的技術有待改善呢！昨日那個限時任務，全靠我有一身攻擊力與防禦力極高的**頂級裝備**，三兩下功夫便收拾了終極大魔王！」

「你別吹牛了，你那套裝備怎麼可能比得上我那套『課金』買的**無敵裝備**？我那套才是遊戲裏面攻擊力最強的，足足花了我 100 元，抽了 5 次才買得到。」魯飛沾沾自喜地說。

奇洛抗議道：「你只懂靠『課金』來取得裝備，根本不是靠**技術**。我這些窮玩家可是辛辛苦苦逐一收集裝備的。我每天都準時登入遊戲網站完成任務，才儲到這麼多金幣的！」

「那麼你現在儲了多少金幣呢？」海力好奇地問。

「大概 **10 萬金幣**吧！這些都是我慢慢儲回來的，沒有『課金』買金幣的啊！」奇洛自信地回答。

這時，魯飛搭着奇洛的肩膀，狡點地說：「奇洛大哥，我用 20 元買你那 10 萬金幣好不好？我剛好見到一款新推出的『**英雄皮膚**』，我很想換到呢！」

奇洛疑惑地問：「反正你平常都是『課金』買裝備，為什麼你今次不直接『課金』買，而要向我買金幣呢？」

魯飛漲紅了臉，**尷尬**地說：「呃……其實說來話長，這是因為我之前『課金』買得太多、太貴的裝備，被媽媽發現了。她罵了我一頓，立即截斷了她信用卡與我網上遊戲賬戶的綁定。現在我不能在遊戲裏面『課金』了，所以要靠你轉些金幣給我。求求你幫幫我吧！」

海力了解情況後，立刻說：「不行！我們不應該助長你這種失控的『課金』行為，你媽媽已經罰你不准再花錢在遊戲上，如果奇洛幫你，那豈不是讓你繼續**沉迷**下去？你到底在這個遊戲裏共花了多少錢？」

「大約……二千多元吧。」魯飛小聲地回答。

奇洛和海力驚訝得瞪大了眼睛，奇洛語重心長地說：「太誇張了，這個遊戲本來是**免費**的，但你竟然用了這麼多錢！你也應該停止了吧！就算我現在把金幣給了你，很快你又會不滿足，又想『課金』，最終沉迷至**不能自拔**！」

魯飛覺得奇洛的話很有道理，但內心仍然十分掙扎，一副**鬱鬱不歡**的樣子。奇洛見狀，搭着魯飛的肩膀說：「提起精神，我們一起到操場打球，這可是免費的！」

遊戲虛擬代幣的誘惑

　　遊戲虛擬代幣是網上遊戲中可以用作兌換不同遊戲內容的虛擬金錢。現在很多小朋友都會在智能電話上安裝不同類型的遊戲，當中大部分遊戲初始時都是免費下載的，但會在遊戲內提供一些付費成分，例如部分特殊角色人物武器等需要購買才能使用，藉此吸引玩家付費。這種付費購買的行為便是故事中「課金」的意思。

　　遊戲開發商大多不會直接採取用錢兌換付費內容的方法，而是會在日常免費遊戲中提供一些虛擬代幣作獎勵，同時亦提供直接購買虛擬代幣的方法去吸引玩家最終作出購買的行動。小朋友面對這些誘惑，就更加需要謹慎理財了。

我實在控制不到「課金」這個衝動,我該怎樣做?😑

如果你發現自己開始有「成癮」的情況,不能自控地想透過購買付費內容提升遊戲體驗,就必須要告訴家長或信任的長輩。最有效的方法是把智能手機的電子付費功能鎖定,只讓家長才有權限解鎖付費。

我的同學曾經在便利店一次過花了一千多元在購買遊戲點數卡上,這樣他的家長便監察不到了。我們有沒有什麼方法可以幫他呢?

作為朋友你願意作出忠告,已經做得很好了。但可能忠言逆耳,每個人最終都要為自己的消費行為負責任並承擔相應的後果。若你見他真的不能自拔,可以告訴學校老師或社工介入幫助他。

很多時候遊戲初始是免費的,但後來卻不得不「課金」才能盡情玩。我該怎樣面對這個兩難?😓

其實「課金」的行為本質是沒有問題的,購買適量的付費內容的確能提升遊戲體驗。但與理智消費的原則一樣,需要按照既定的預算,節制用錢而不能失控地衝動消費,最終你要自己衡量是否值得付出相應的金額。

理財小達人訓練

「課金成癮」，怎麼辦？

小朋友，你喜歡玩網上遊戲嗎？你會用什麼方法來兌換遊戲裏的虛擬代幣？你曾經試過「課金」嗎？現在就來考考你，看看你有沒有對抗「課金成癮」的智慧和意志力！請看看以下的個案，然後跟朋友或爸爸媽媽討論有什麼方法可以幫助個案中的小朋友戒除「課金成癮」的壞習慣。

個案

陳先生收到信用卡公司的通知，表示他的信用卡可能被盜用，因為紀錄顯示他在 3 日內透過智能電話進行了大約二萬多元的交易。信用卡公司仔細檢查後，發現是在同一款手機遊戲中購買了多次遊戲代幣，累積總額更高達五萬元。陳先生夫婦大驚之下，馬上向 9 歲的兒子查問，才揭發原來是他使用了爸爸的信用卡資料，在手機遊戲中不停「課金」所引起的。

1 你認為個案中的兒子有什麼問題？

2 他的父母應該怎樣做？

3 兒子在日後又該怎樣做？

　　復活節的長假期過後，小寶、伊雪和貝莉興高采烈地分享着自己在假期間與父母到外地旅遊時的**所見所聞**。

　　小寶首先分享：「這個假期我和爸爸媽媽、哥哥去了**日本**東京旅遊，我們吃了很多壽司和日本料理。但最難忘的是我們一家人在秋葉原逛了一個下午，爸爸還為了夾到我喜歡的毛公仔花了足足 500 元呢！」

　　「哇！你爸爸真豪爽！用 500 元來**夾公仔**，必定有很多收穫了吧？學校附近的夾公仔機只需要 20 元就可以玩一次，如果有 500 元就可以玩 25 次了，一定能夾到很多公仔的！」伊雪問道。

　　「才不是呢！在日本玩夾公仔很貴呢！500 元才能玩 2 次，十分不划算。我以後還是在**香港**玩。」小寶搖頭擺腦地說。

　　貝莉也分享了她豐富的夾公仔經驗，她說：「我假

期時會和家人去**台灣**的不同夜市，也有去玩夾公仔機。那邊的夾公仔機比日本的便宜多了，玩一次都只是 50 元。」

聽到三位女生你一言我一語的，有數學王子之稱的奇洛走過笑着說：「你們剛才比較各地夾公仔機收費的方法不對呢！你們以為在日本是 250 元一次，在台灣是 50 元一次，真的是比在香港 20 元一次昂貴嗎？你們怎會忽略了三個地方的**貨幣匯率**根本不一樣呢？」

小寶問道：「貨幣匯率是不是在找換店貨幣顯示屏上看到的那些數字？」

奇洛回答：「對了！找換店會列出當日不同貨幣的兑換率供人們兑換貨幣。而**日元**、**新台幣**與**港幣**三地貨幣中的『1元』實際價值都不一樣，而且兑換率會有**升跌**。例如日圓 100 元大概等於港幣 7 元，新台幣 100 元則大概等於港幣 25 元。」

三位女生努力地在腦海中計算，想找出三個地方中哪個地方夾公仔**最便宜**。

「日本是 250 日圓一次，約港幣 17.5 元。」小寶説。

「台灣是 50 新台幣一次，約港幣 12.5 元。」貝莉説。

「香港是 20 元一次……原來比較之下，在香港玩夾公仔機是**最昂貴**的呢！」伊雪驚訝地説。

「對了，在計算各地貨幣的匯率後，我們學校附近的夾公仔機收費是三個地方之中最貴的呢！」奇洛向三位女生眨眨眼，然後便轉身去看看其他同學有沒有遇到什麼**數學難題**。看來數學王子果然熱愛數學啊！

貨幣與匯率

　　或許你們已經留意到，當我們去旅行時在另一個地方消費，便需要兌換當地的貨幣。由於世界各地貨幣的名稱不同，幣值不一，便需要以一地貨幣對其他地方的貨幣設定匯率。大多數的匯率會以一地貨幣兌換另一地貨幣的比率方式呈現。例如在香港兌換其他地方貨幣時，找換店大多會顯示每 100 港元或者每 100 美元可以兌換某一金額的其他地方貨幣，這個就是匯率。

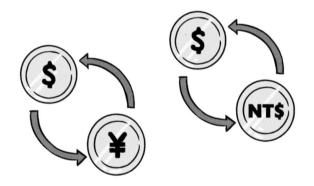

　　而由於各國貨幣的實際價值不同，於是就出現不同面額的貨幣，例如韓國貨幣韓圓的幣值比較低，便會出現較大面額的硬幣（如 ₩500）和紙幣（如 ₩50,000）。所以當我們使用其他地方的貨幣時要注意，不能只注意面額，還要思考這個面額等於幾多自己慣常使用的貨幣，這就能夠避免在外地墮入消費陷阱了。

在外地消費時每次都要心算大概等於多少本地貨幣，真的很麻煩呢！有沒有更方便的方法呢？

哈哈！心算一定是最便利的方法😊，這個就是你要學好數學的原因之一。不過，你也可以使用一些手機APP，找出當天匯率及進行貨幣轉換運算。

為什麼我爸爸有時到外地公幹時，只需要帶備美元而不需要兌換當地的貨幣呢？

這是因為美元擁有國際貨幣的特殊地位，很多地方之間的交易也會以美金結算。如果當地的本土貨幣比較弱勢，那麼商家可能希望用價格比較穩定的美元作交易，因此接受到訪人士使用美元。

世界上面額最大的鈔票是什麼呢？是來自哪個地方的呢？

近年曾經出現過最大面額的鈔票是津巴布韋元。該國在 2009 年曾經發行過面額為 100 萬億津巴布韋元的鈔票，但其實際價值只大概等於港幣 8 元。這是因為該國出現了惡性的通貨膨脹所造成，現時津巴布韋元已經停止發行及流通。現在免費送你一張100 萬億 津巴布韋元！😄

算一算，等於多少港幣？

小朋友，你已經知道日圓、新台幣和港幣之間的大概匯率了嗎？現在就來考考你。在故事中小寶與貝莉誤以為日本和台灣的夾公仔機收費比香港的昂貴，你可以根據提供的匯率計算出她們在當地的花費實際上等於多少港幣嗎？

小寶在日本夾公仔的花費：

- 250 日圓一次
- 夾了 2 次就成功
- 共用了 500 日圓

1 日圓 = 0.07 港幣

等於港幣
_____元

貝莉在台灣夾公仔的花費：

- 50 新台幣一次
- 夾了 10 次才成功
- 共用了 500 新台幣

1 新台幣 = 0.25 港幣

等於港幣
_____元

如果在香港玩夾公仔是 20 元一次，那麼港幣 500 元便可玩 **25** 次呢！

通貨膨脹
噩夢的開始

　　小息時，小寶看到伊雪**悶悶不樂**，便慰問她：「伊雪，你沒事嗎？我看你沒精打采，整天都不怎麼說話。」

　　「沒事啊。」伊雪說畢便繼續**發呆**。

　　小寶看到伊雪不想被打擾，便讓她獨自安靜一下。

　　好不容易，伊雪終於等到放學鐘聲響起。回家路上，她再次經過玩具店，目不轉睛地看着廚窗中的**限量版巴**

比洋娃娃。她歎了口氣，喃喃自語：「我真的很喜歡這洋娃娃，可是售價 **238元**，我每月只有 20 元**零用錢**，即使我一元也不用，也要**儲蓄**一年，才有足夠金錢購買。可是這套是限量版，一年後還有沒有機會買到呢？」伊雪知道機會渺茫，便失望地離開。

晚上，伊雪**輾轉反側**，一直想着那洋娃娃。過了不知多久，她終於入睡，還做了一個奇怪的夢。她在夢中發現自己已經長大成人，手裏握着一個錢包。她**小心翼翼**地打開錢包，發現裏面竟然有**數張** 100 元紙幣，這不就夠錢買那洋娃娃嗎？

伊雪高興得**連跑帶跳**往玩具店去，她跟正在整理貨架的店員說：「請給我一套限量版巴比洋娃娃。」

店員別過身子，原來是長大後的魯飛。魯飛嘲笑着說：「伊雪，你都 20 歲了，還在玩洋娃娃嗎？」

「你別管我！」伊雪說畢便從錢包中取出 **3 張100 元紙幣**，遞給魯飛。

魯飛疑惑地說：「給我 300 元？你是否看錯價錢了？」然後指着價錢牌續說，「限量版巴比洋娃娃的售價是 **2,000 元**啊！」

伊雪理論道：「哪有可能？我之前看過價錢，都不過是 238 元！」

「你說的應該是 **十年前**的價錢吧。十年前 6 元可買到一串魚蛋，現在卻連一顆也買不到呢！」魯飛回答。

伊雪不服氣地問：「為什麼東西會**越來越貴**呢？」

「**通貨膨脹**嘛，即是指物品的價錢越來越貴。」魯飛邊說邊用雙手比畫着膨脹的意思。

伊雪驚訝地問：「什麼？**肚部膨脹**？」

這時魯飛指着伊雪迅速膨脹的肚子說：「你看，你今次真是肚部膨脹了！」

伊雪看看自己的肚子，發現脹得像個**大西瓜**般。於是她奮力收腹，可是肚子還是繼續膨脹！

「嘭」的一聲，伊雪從牀上滾到地上，方才發現原來一切都是**惡夢**在作怪！

通貨膨脹的影響

　　通貨膨脹簡稱通脹，是指一般物價水平持續上升。簡單來說，通脹是指物品的價錢變得越來越貴。通貨膨脹的出現，有很多不同原因，例如電量收費的提高，就會令企業的生產成本越來越高 （電費開支增加）），於是他們就會透過加價，來減輕生產成本。

　　通貨膨脹的出現，對我們的生活有很大的影響。物品價錢越貴，即代表我們用相同的金錢，能買到的東西會減少。因此，我們除了要養成儲蓄習慣，也要從小逐步學好理財知識，以好好保管這些辛苦儲蓄下來的金錢。

通貨膨脹對我們的生活有什麼影響呢？

最大的影響就是令你我能享用的物品減少。假設你每星期有 20 元零用錢，在通貨膨脹非常嚴重的情況下，小賣部每包薯片的價錢可能由 5 元上升至 10 元，那麼你能買到的薯片則會由 4 包減少至兩包了。

我們認識了通貨膨脹，那有沒有通貨收縮呢？

當然有。通貨膨脹是指物品的價錢變得越來越昂貴，相反通貨收縮則是指物品的價錢越來越便宜。

通貨膨脹和通貨收縮，那個情況在香港較常出現呢？

在過往數十年，香港主要也是處於通貨膨脹的時期。當然，在某段經濟表現不好的時期，也有出現過通貨收縮。

理財小達人訓練

通貨膨脹，還是通貨收縮？

小朋友，你知道通貨膨脹和通貨收縮的分別了嗎？海力調查了 4 款產品分別在去年及今年的售價。請比較這兩年的物價，找出這段期間是出現了通貨膨脹還是通貨收縮。

	巧克力	牛奶	花生	鉛芯筆
去年售價	每包 12 元	每盒 5 元	每包 20 元	每枝 30 元
今年售價	每包 14 元	每盒 6 元	每包 26 元	每枝 33 元

1

請計算在去年和今年購買以上 4 款物品的費用分別是多少？

去年需要＿＿＿＿元，今年需要＿＿＿＿元。

2

這段期間出現了通貨膨脹還是通貨收縮呢？

☐ 通貨膨脹　　☐ 通貨收縮

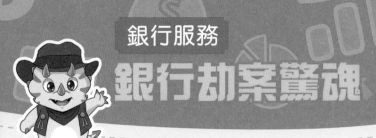

這天多多陪媽媽上街時，嚷着要去玩夾公仔機。媽媽説：「今天有要事處理，你陪我到**銀行**走一趟吧。」

多多問：「銀行是什麼地方呢？有夾公仔機玩嗎？」

「銀行是處理金錢的地方，你長大些就會明白。」媽媽説完，便帶多多到家附近的奇龍銀行。

這是多多第一次來到銀行，他東看看、

快給我一萬元，我趕時間！

西望望，沒看見有趣的事情，只看見櫃台前有長長的隊伍。

和媽媽排隊期間，多多看到一名外表**兇惡**的恐龍大叔向職員咆哮：「快給我**一萬元**，我趕時間！」

職員**緊張**起來，快速地核對一些資料，讓那大叔簽名，就給了他一萬元。可那大叔臨走前，還呵責職員：「手腳這麼慢，浪費了我這麼多時間！」

多多見狀，不安起來，小聲地跟媽媽說：「媽媽，那大叔**打劫**啊！」

媽媽連忙安慰道：「沒事的，那大叔不是打劫，他只是『**提款**』。」

多多不明所以，這時媽媽說：「到我們了，快跟着來。」

多多發現媽媽跟那大叔做的剛剛相反，她給了職員一疊鈔票，職員卻還給她一張紙。

多多被銀行的所見所聞弄得**一頭霧水**，於是媽媽提

早給多多上一節「銀行課」。媽媽問多多：「你是不是很奇怪我把錢給了職員，卻什麼都沒拿走呢？」

多多點點頭，媽媽續説：「其實我剛才是把錢存進自己的銀行戶口，這就是『**存款**』。很多人都會把儲蓄起來的金錢存入銀行，讓銀行先替我們保管。待有需要的時候，就像剛才那位大叔般，到銀行『提款』，取回之前存進銀行的金錢。」

「為什麼我們不自己**保管**金錢呢？」多多問。

「如果我們在家存放了大量金錢，會發生什麼事？」媽媽問。

多多搶着答：「可能會有小偷到我們家偷錢，又有可能發生火警把錢燒光了，甚至是……」

媽媽哭笑不得：「總之不安全啦。銀行替我們保管金錢，還會定期給我們額外的金錢作為『**利息**』收入。」

多多**恍然大悟**：「原來如此，又安全又有錢賺。媽媽，那我也要馬上回家，將**撲滿**裏的錢全部存進銀行。」

媽媽問：「你不是嚷着要去玩夾公仔機嗎？」

多多想起這件大事，便説：「雖然存款重要，但夾公仔更重要！」

銀行的功能

　　銀行是法定的接受存款機構。企業要達到政府嚴格的要求，才能開設銀行。而在經營期間，銀行亦要接受金融監管機構的監管。因此，將金錢存入銀行是一種安全的保管方式。

　　在故事中提到，銀行除了能替人們保管金錢外，更會派發利息給他們。因此，很多人都會視銀行存款為一個最基本的理財工具。

　　在現實生活中，銀行除了提供存款和提款的服務外，還提供投資、貸款、按揭、信用卡、保險、強積金等服務。

我在農曆新年收到不少利是錢，我可否到銀行開設存款戶口呢？

以往，銀行只替年滿 18 歲的客戶開設戶口。現時，為了鼓勵兒童儲蓄，不少銀行已提供兒童儲蓄戶口服務。所以即使你未滿 18 歲，只要有父母或監護人陪同，也可以到銀行開設兒童儲蓄戶口了。

銀行替我們保管金錢，還給我們利息，那麼銀行是如何賺錢呢？

銀行首先會接受客戶的存款，並且給予他們利息；接着就會把金錢借給其他機構和人，同時收取利息。只要銀行收取的利息較支付的利息高，它們就能賺錢了。

銀行會否倒閉呢？如真的倒閉，我們豈不是會失去所有存放在銀行的存款？

所有機構也有倒閉的風險，銀行也不例外。但是，在政府的嚴格監管和存款保障計劃下，將金錢存放在銀行還是被普羅市民視為安全的做法。存款保障計劃於 2006 年推出：如遇上銀行倒閉，此計劃保障存款的市民能取回最高達 50 萬港元的補償。

銀行提供哪些服務？

小朋友，你到過銀行嗎？你現在知道可到銀行使用什麼服務嗎？現在就來考考你。請看看以下哪些是可到銀行處理的事情，哪些是不可以的？

①	②	③	④	⑤
將自己的部分金錢，存放在銀行儲起來。	到外地旅遊前，往銀行訂購酒店和機票。	在個人財務有困難的時候，到銀行申請貸款應急。	遺失身分證時，到銀行申請另一張。	到銀行申請提款卡，方便日後在櫃員機提取金錢。

A.	B.	C.	D.	E.
可以，我們可向銀行提出申請，但注意銀行是會收取利息的。	可以，只要我們有銀行戶口，就能到銀行申請。	不可以，我們應該到旅行社訂購。	不可以，我們應該到入境事務處申請。	可以，我們可到銀行開設儲蓄戶口，同時賺取利息。

保險的用途
虛驚一場

這天小息時，臉上總是掛着笑容的小寶突然**放聲大哭**，同學們紛紛上前慰問小寶。貝莉擔心地問：「小寶，你怎樣啦？哪裏不舒服？」

小寶嗚咽着說：「我爸爸踢足球時⋯⋯受了傷，進了醫院，醫生⋯⋯檢查後，說他已經『**不行**』了！」

同學們得知小寶家發生了**不幸**的事情，都顯得不知所措。於是，貝莉便跑到教員室找班主任比力克老師，她對老師說：「老師，小寶的爸爸**過身**了，她現在很傷心。我們都不知道如何是好，請問你可否去看看她。」

老師趕到課室時，看到小寶止住了哭泣，便問小寶：「小寶，我聽貝莉說你爸爸出了**意外**⋯⋯」

老師的話還沒說完，小寶便打斷了，她說：「老師，我爸爸進了醫院，左腳**打石膏**，要在那裏待一個月才能出院，媽媽很擔心呢！」

老師**滿臉疑惑**，心想：「剛才貝莉明明說小寶的爸爸過了身！為何現在……」

貝莉不解地問：「小寶，你不是說你爸爸已經『不行』了嗎？為何……」

小寶認真地說：「對啊，打了石膏當然**不能步行**！」

聽到這裏，老師明白了，笑了笑說：「原來是一場誤會。小寶，你不用擔心，有醫生和護士的照顧，你爸爸一定能早日**康復**的。」

這時伊雪問道：「小寶，我記得你媽媽是家庭主婦，那你爸爸休養期間沒有**收入**，你們的生活成問題嗎？」

小寶說：「謝謝關心。我爸爸媽媽一向有儲蓄的習慣，而且爸爸已向保險公司購買了**保險**，所以今次受傷和住醫院也獲得**賠償**。」

魯飛摸不着頭腦，問道：「為何會有賠償呢？又不是保險公司令你爸爸受傷。」

老師看見同學們都對保險感到好奇，便說：「我們

每天都會面對一些**意料之外**的事情，有好的，有壞的。我們當然應該盡可能避免不好的事情發生，例如：怕測驗不及格，就應該努力溫習；怕遲到，就應該提早出門。然而，即使做好十足準備，意外還是有可能發生的。購買保險就是要讓我們在意外發生時，獲得一定的賠償，以減少損失。」

魯飛靈光一閃，笑着說：「不知道保險公司是否有**『考試不合格』**的保險呢？我要買來補償考試成績對我造成的**心靈創傷**！」

魯飛的一番戲言，讓大家都哈哈地笑起來。

保險和意外

在我們的日常生活中，有很多事情都是我們無法預計的。這些事情中，有些是好的，會讓我們得益的；亦有些是壞的，會讓我們受損的。我們當然有責任盡量避免壞事情的發生，如保持健康的飲食和生活習慣，以減少生病的機會。但是，無論我們如何準備，也無法完全避免這些事情的出現。

保險——就是在遇到不幸的事情時，能減少自己和身邊人受損的方法，因為保險公司會就你的損失作出賠償。以最常見的保險類型人壽保險為例：當有人繳付保費予保險公司購買人壽保險後，他便獲得一個保障；當他將來不幸過身，他的家人便能得到保險公司的賠償，令他們的生活有所保障。又如醫療保險：購買醫療保險的人日後因病入院，也會獲得賠償，令他們無須擔心付不起高昂的醫藥費，以致無法得到最適切的醫療服務。

如果沒有購買保險，在意外發生時，我們便須自行承擔一切損失和開支了。因此，保險對於保障自己、家人及個人資產，以至防範各種風險均是非常重要的。

究竟哪些人需要買保險呢？👀

原則上，大部分人都有這個需要，因為在生活上，我們總會有未能預計和完全防止發生的意外（如因患病或受傷）。購買保險正正能夠保障投保人和他們的家人。

在日常生活中，我們都會面對很多不能預計的事情，那我們都買保險，不就可以避免損失嗎？

保險並不會保障你的所有意外，最常見的保險有人壽保險、意外保險和危疾保險等。至於考試不合格和上學遲到等，就沒有保險給你們購買了，因此還是老老實實溫習和養成早睡早起的習慣更好吧！😜

保險公司保障我們出意外時有金錢賠償，那保險公司不就是虧本嗎？

所有客戶要獲得保險公司的保障，也要先向保險公司繳交保費。保險公司會根據每個個案的情況來設定保費，通常會向風險較高的客戶收取較高的保費。

理財小達人訓練

有哪些保險呢？

小朋友，你知道保險有哪些類型嗎？現在就來考考你。請猜猜以下的保險類型提供什麼保障範圍。

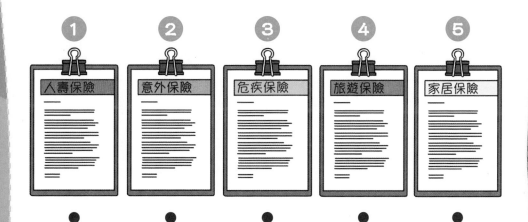

①	②	③	④	⑤
人壽保險	意外保險	危疾保險	旅遊保險	家居保險

A.
行李遺失及飛行事故造成的損失。

B.
失去性命。

C.
家中的財物出現損失或損害。

D.
被診斷患上嚴重疾病。

E.
因遇上意外傷害而致身故或殘疾。

信用的重要性
一借沒回頭的文具

鈴——換課鐘聲響起，同學們匆匆把上一節課的書本收起，準備拿出下一節課的用品。看着身邊的同學們一個個拿出毛筆、墨汁、墨盒，魯飛方才想起昨天中文科老師卡妮提醒同學們要帶備**文房四寶**回校，因為今天會教毛筆書法。

魯飛在昨天換課期間顧着看漫畫，完全忘記了在**家課冊**裏記下老師交帶的事情。魯飛**焦急**起來，待會兒不單會被老師責備，還會把他忘記一事寫在家課冊，那他回家後必定會被媽媽訓斥一番！

魯飛越想越害怕，越想越急！就在距離中文課還有3分鐘的時間，魯飛突然**頓悟**：墨汁和墨盒可請同學分享共用，再借來一枝毛筆不就解決了嗎？

於是，魯飛跑到好友海力的座位旁，向他求救：「海力，請救救我啊！我忘記了帶**毛筆**，可否借一枝給我？」

海力攤開雙手手掌，說：「嗯……不好意思，我只有一枝毛筆，**愛莫能助**！」

伊雪聽見二人的對話後，便大聲說：「魯飛，我有多一枝毛筆！但是你上次借了我的**塗改帶**還沒歸還，所以我今次不會借毛筆給你了！」

「對啊！魯飛，你上次借了我的**剪刀**和**漿糊筆**還沒歸還呢！」小寶附和道。

説起來，魯飛經常問同學借東西，而且大部分時候都是「**一借沒回頭**」，借來的東西用後隨處亂放，根本沒用心記着要歸還。漸漸地，許多同學都不肯借東西給魯飛，因為他已經失去**信用**，幾乎是**一文不值**。

　　「魯飛，現在還不快點把借來的東西找出來，並歸還給同學們。」原來老師已經悄悄來到了課室門外，還聽到了魯飛和同學們的對話。

　　魯飛知道自己錯了，也知道自己難逃被責罰的命運，只好**垂頭喪氣**地返回座位，「翻」書包「倒」筆袋，把借來的東西一一找出來。他這才發覺原來有大半的文具都不是自己的，而是問同學們借回來的。

　　最後，老師請魯飛拿出**家課冊**。老師邊寫家課冊邊對魯飛說：「從今以後，你不要再隨便問同學借東西了，要用的話就記得自己帶回校，做個**負責任**的人。要是真的有需要問同學借東西，也別忘記歸還。魯飛，只要你努力，一定能賺回『信用』，從一文不值變成**價值連城**！」

　　聽到老師的鼓勵，魯飛回復了古靈情怪的樣子。難道他又想到什麼**鬼主意**？

信用卡裏的「信用額」

你們可能常常聽到成人會使用信用卡付款購物，但同樣是一張卡，信用卡與八達通卡、提款卡等等的卡到底有什麼不同呢？這樣就要先從信用卡裏的「信用額」開始說起。

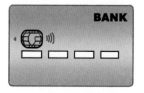  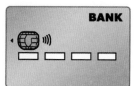

信用卡（Credit Card）的概念，其實是代表發出信用卡的銀行「相信」申請人有一定的還款能力，而選擇讓他預支一定的金額去付款。所以信用卡本身並沒有儲存任何金錢在裏面，而是一張讓銀行「借錢」給人的卡。銀行會根據一個人的信用額（Credit）來決定借多少錢給他，讓他的信用卡可以繳付相應的金額。

在故事中，由於魯飛經常借了同學的東西不還，他的「信用額」已經跌到谷底，於是同學們都不願意再借東西給他。這個情況就如你經常拖欠銀行金錢而不還的話，銀行也不會再相信你而借錢給你。

作為小朋友的你們也要注意自己的理財習慣，要做個「有借有還有信用」的人，否則便會嚴重影響你的生活啊！

銀行是否只會借錢及批核信用卡給有錢人?如果我很窮的話,是否就不會借錢給我?😩

首先你要了解銀行為什麼會借錢給人,這是因為它相信客戶能夠還款。在批核信用卡申請時,銀行會查核申請人的收入、借貸紀錄、職業等資料,從而去評估一個人是否值得信任。

那麼我作為小學生,若果沒有每月固定收入的話,是否便申請不到信用卡呢?但為什麼大學生沒有固定收入卻可申請信用卡呢?🤔

香港法例規定必須年滿 18 歲才可申請信用卡。而作為學生,理論上銀行是不會借錢給沒有收入的你,因為你沒法證明自己有能力還錢。但部分適用於大專學生的信用卡並沒有訂明最低的入息要求,不過由於他們是大學生,能兼職或即將進入社會工作,所以銀行認為他們有能力還款而讓他們申請。

誰會獲得較高的信用額？

　　小朋友，假如你是銀行裏負責處理信用卡申請的職員，你會給予以下申請人多少信用額呢？在他們當中，誰會獲得較高的信用額？誰會獲得較低的？請你在作出決定時，先考慮申請人的收入、職業等方面的資料，以評估申請人是否值得信任。

1 號申請人檔案：	2 號申請人檔案：	3 號申請人檔案：
職業：大專學生	職業：工程師	職業：大廈管理員
年齡：18 歲	年齡：30 歲	年齡：65 歲
收入：沒有固定收入	收入：每月 $100,000	收入：每月 $18,000
住址：私人樓宇	住址：半山別墅	住址：公共屋邨

1　誰會獲得較高的信用額？　　＿＿＿＿＿號申請人

2　誰會獲得較低的信用額？　　＿＿＿＿＿號申請人

3　你為何會作出以上的決定？請說說看。

「哎呀！怎麼**釘書機**又沒有釘了？奇洛，是不是你用光了又不通知班長要補充啊？我現在要用呢！」伊雪抱怨道。

「這次不是我！我只是忘記過一次！」奇洛解釋道。

這時，頑皮的魯飛跳出來，拿着**釘槍**指着同學們説：「真正的兇手是我，這些釘都被我拿來用作這把釘槍的『**子彈**』。嘿嘿嘿！」魯飛邊説邊作勢發射子彈。

同學們紛紛走避，唯獨海力**紋風不動**。作為魯飛的好友，海力覺得自己有責任糾正魯飛，於是對魯飛說：「班上的釘書機和釘都是**公家文具**，是用班會費購買的！你不能擅自取去全部釘，還胡亂使用。你這樣做等於浪費我們這些『**納稅人**』的金錢！」

魯飛反問：「什麼『納稅人』？我們根本不需要交稅，只是交班會費而已！你別胡說八道！」

海力見魯飛還不認錯，便繼續據理力爭：「每個同學都要繳交**班會費**，這樣才有錢購買公家文具供大家使用。情況就如社會上每個符合條件的公民都需要交稅一樣，這樣政府才有資金運作，才有錢去維持**公共服務**的運作。」

「我是班中的一分子，也有交班會費，我……我有權使用這些文具！我……我喜歡將釘當作子彈玩，不可以嗎？」魯飛明知自己理虧，但仍**硬着頭皮**反駁。

「你有交班會費，當然有權享用這些公家文具。正

如納稅人一樣，有權使用政府提供的服務。但是，你現在明顯是**濫用**了公家文具，這不單造成浪費，還令有需要使用釘書機的伊雪沒釘可用。」海力耐着性子說。

這個時候，伊雪好奇地問道：「那麼是不是沒有交稅的人就沒有權使用政府的服務呢？我的祖父母已**退休**，現在沒有交稅，但是他們仍然可享用公共服務啊！」

「不是的，理論上收入**越高**的人需要交**越多**的稅款，收入**越低**的人交**越少**的稅款，有些人甚至不用交稅。這樣的分配制度可讓有能力的人多付出一點，幫助社會上有需要的人。」海力說得頭頭是道，全有賴他平日**博覽羣書**，且經常留意時事。

「噢！原來稅收的制度還可以維持社會公平，幫助有需要的人。真是長知識了！」奇洛邊說邊豎起大拇指，「對了，我剛才發現了一個秘密——原來海力**禾稈冚珍珠**，知識這麼廣博，絕對稱得上是**常識王子**呢！」

同學們紛紛上前向這位新晉王子發問，魯飛見狀便趁機**逃之夭夭**！

稅務系統

　　稅務這個課題其實牽涉比較複雜的公共理財概念，在這課故事中，集中講述稅收的兩個主要目的及功能：維持政府公共服務及財富再分配。

　　人類歷史中最早的賦稅系統，早在西元前 2,500 年前的古埃及時期的社會已經出現。隨着人類文明的發展，經濟活動越來越複雜多樣，稅務的類別也變得五花百門。而香港政府最主要徵收的稅項包括：薪俸稅（工作所賺取的金錢所繳交的稅款）、利得稅（經營公司業務所得利潤所繳交的稅款）及物業稅（出租物業所賺取而繳交的稅款）等等。

為什麼我們一定要交稅呢？各人購買自己所需要用的東西不就足夠了嗎？😶

在購買日用商品的層面上，的確可以做到各家自掃門前雪。但若你細心思考，一個社會的正常運作必定離不開一些公共服務，即是與每個人都有關係的事，例如修橋鋪路等等。既然各人都可享用，就自然需要徵稅，讓政府有資金維持社會運作。

我明白公共服務各人都可享用的概念。但有些人不用交稅卻可免費享用這些公共服務，豈不是不公平嗎？😠

你的觀察很好！這個問題牽涉到透過稅務達至財富再分配的進階概念。因為社會上每個人的財政狀況都不同，有人比較富有，有人比較貧窮。所以如果劃一向所有人徵稅的話，只會令到貧窮的人生活更加困難。所以多數的稅制都會是向較富有的收取更多的稅款，貧窮人則不用交稅，甚至可以使用到政府所提供的不同福利。透過這樣的方式分配財富，令社會可以更加公平。

理財小達人訓練

怎樣善用稅務收入？

　　小朋友，你知道政府會怎樣運用稅務收入嗎？以香港政府為例，公共開支的類別包括：社會福利、保安、房屋、教育、衞生、基礎建設、經濟等等。如果你是政府的角色，你會怎樣分配稅務收入，令整個社會更繁榮，同時改善民生呢？你為什麼會這樣分配？請說說看。

公共開支類別		分配百分比
	社會服務	_____ %
	保安	_____ %
	房屋	_____ %
	教育	_____ %
	衞生	_____ %
	基礎建設	_____ %
	經濟	_____ %
合共		100%

你夠 SMART 嗎？

今天中文課上，卡妮老師請同學以「**我的目標**」為作文題目，她說：「你們已是高年級學生，是時候為未來制定一些目標了。我不將題目定為『我的夢想』，是因為我希望大家不單要有夢，還要切實地向目標奮鬥。現在就讓大家先討論，回家後才動筆。」

 我的目標很簡單，就是要有更多**零食**吃。

 我的目標是令自己更**聰明**，成為偉大的數學家。

 我只想有足夠的零用錢購買全套「**星星樂園卡**」。

經過一番熱烈討論後，老師說：「看來大家都訂立了自己的目標。在繼續分享之前，想問問大家有沒有聽過一個名為『SMART』原則的制定目標方法呢？」

「老師，我懂啊！『SMART』是聰明的意思。你是否在稱讚我們聰明呢？」奇洛說。

「奇洛，『SMART』的意思不只是聰明，它更是我們用作設定目標時，要遵守的 **5 個原則**。」老師説。

「老師，好像很高深啊！我的目標很膚淺，應該不符合什麼『**MUD**』原則了。」魯飛笑着説。

老師忍住了笑，説：「魯飛，是『SMART』原則，不是『MUD』原則。讓我簡單介紹『SMART』的 5 個原則。第一個原則『S』表示 **明確** (Specific)，指目標必須具體。」

「老師，我的具體目標是有很多三角牌巧克力吃。」魯飛天真地説。

老師強忍着笑，説：「第二個

原則『M－Measurable』是指目標是**可被量度的**。」

「我的目標符合這個原則呢！『星星樂園卡』一套20張，我的目標就是集齊全套20張。」伊雪開朗地說。

老師續說：「第三個原則『A － Achievable』是指目標是**可達到的**，而第四個原則『R － Realistic』是指目標是**實際的**，最後一個原則『T － Time limited』是指目標必須在**限時**內達到。以節食為例，如將目標訂為一星期內減20磅，這目標無疑是明確、可量度、有時限的，可是在短時間內達到這目標並不太可能，也不切實際，甚至會危及健康。要是除去時限性，卻又失去了推動力。就好像有些人說要節食，可每次看到美食，都忍不住吃掉，還欺騙自己說明天重新開始節食。」

這時魯飛驚叫：「哪有人訂立這麼**愚蠢**的目標。天下美食何其多，又豈能節食呢？」

奇洛笑着說：「不是所有人都像你這麼貪吃的啊。」

魯飛沾沾自喜地回答：「那倒是，像我這麼會享受食物的**美食家**又真的不多。」

老師聽到同學們的對話，心想：「真拿他們沒辦法，還是這麼**孩子氣**……」

理財小學堂

聰明的理財方法

理財像讀書和做人一樣，如想達到理想，我們必須先訂定一個好的目標。何謂好的目標呢？「SMART」原則就可以幫助你去分辨了。

S ：Specific（明確）是指不能模模糊糊地說：「我要儲錢。」，而是要具體一點，如：「我要儲錢購買我喜愛的 XX 玩具」。

M ：Measurable（可量度）是指理財目標要能量化，如要儲蓄「100 元」、「200 元」或「500 元」，就是較清晰的目標。相反，如果是「我要儲很多錢。」這目標就很難量化了。

A＋R：Achievable（可達到）和 Realistic（實際）指你的理財目標要有達成的可能。如每月零用錢只有 20 元，而想馬上購買價值 2,000 元的玩具，就似乎太不設實際了。

T ：Time-limited（有時限）指我們需要為理財目標設定一個時限，如在半年內儲到 500 元。有時限的目標才能給予我們動力，否則明日復明日，目標何時能達到呢？

> 各位同學，祝你們理財
> 能力大升級，加油啊！

> 我是
> 馮老師。

> 我是
> 黃老師。

我是一個很隨心的人，喜歡做什麼就做什麼。花時間訂立目標是否不太適合我呢？

太過隨心可能造成衝動消費的情況。制定目標就是要令自己更有動力、紀律和計劃去追求你想要的東西呢！

做人不是應該有大志嗎？為何訂立的目標要貼近現實呢？

夢想要遠大，但是目標就要切實。試想若然我們訂立了一個自己也不相信能達成的目標，那我們還會努力追求嗎？不會，因為我們從心底也覺得這是不可能的。

為何目標一定要有時限呢？

沒有時間限制，可能會令我們少點壓力，但是也會少點動力，容易造成自己騙欺自己的假象——明天再努力吧，時間還多的是！

哪些理財目標符合「SMART」原則？

　　小朋友，你學會了「SMART」原則嗎？現在就在考考你。請看看以下人物的理財目標，然後判斷他們的目標是否符合「SMART」原則。如不符合，請指出違反了哪個或哪些原則。

1

我每月有 20 元零用錢，我的理財目標是在一年內儲蓄 2,000 元。

☐ 符合
☐ 不符合，違反了：明確 / 可量度 / 可達到和實際 / 有時限

2

我每月有 50 元零用錢，我的理財目標是在一年內儲蓄 300 元，以購買特別版爆旋陀螺。

☐ 符合
☐ 不符合，違反了：明確 / 可量度 / 可達到和實際 / 有時限

3

我每月有 20 元零用錢，我的理財目標是儲蓄 150 元，以購買一套 20 張的「星星樂園卡」。

☐ 符合
☐ 不符合，違反了：明確 / 可量度 / 可達到和實際 / 有時限

理財小達人訓練答案

第11頁：你會買哪一款果凍？

1. 草莓果凍，售價是$10。
2. 蜜瓜果凍，分量是200克。
3. 芒果果凍，平均價錢是每克$0.08。
4. 自由回答

第17頁：哪家文具店的鉛筆最便宜？

1. 8 x 6 = 48元
2. 16 x 4 = 64元
3. 15 x 3 = 45元
4. 文具店C

第23頁：衝動消費VS理智消費

1. 魯飛屬於衝動消費和過度消費，海力屬於理智消費和精明消費。
2. 自由回答

第29頁：我家的水費和電費是多少？

1. 自由回答
2. (參考答案) 多數家庭夏季電費較高，因為室外溫度上升，冷氣機的使用會消耗更多電力。
3. (參考答案) 培養珍惜資源、節制的生活習慣，並留意智能電話的數據用量。

第35頁：是「需要」，還是「想要」？

1. 需要　　　2. 想要

3. 想要　　　4. 想要

第41頁：怎樣分配金錢？

1. 儲蓄錢罐 及 消費錢罐
2. 儲蓄錢罐 及 投資錢罐
3. 奉獻錢罐 及 捐獻錢罐

第47頁：怎樣運用30枚遊戲代幣呢？

自由回答

第53頁：各行各業人工知多少

1. 投資銀行iBanker：A
   消防隊長：B
   駐院醫生：D
   註冊護士：C
2. 自由回答

第59頁：構思慈善挑戰

自由回答

第65頁：按時繳交賬單

電費單：每2個月繳交（中電）
　　　　每月繳交（港燈）
電話費單：每月繳交
煤氣費單：每2個月繳交
信用卡賬單：每月繳交
稅單：每年繳交

第71頁：怎樣妥善存放財物？

1. 錢包
2. 夾萬
3. 褲袋 或 其他：(參考答案) 背包
4. 錢包 或 掛頸卡套
5. 銀行
6. 褲袋 或 其他：(參考答案) 背包

第77頁：設定自動增值金額

1. B　　2. A　　3. D

第83頁：「課金成癮」，怎麼辦？

1. (參考答案) 不可以在未取得爸爸的同意下，擅自使用他的信用卡；不可以在未取得父母的同意下，多次購買遊戲代幣；不應沉迷手機遊戲。
2. (參考答案) 在兒子的電話設置解鎖遊戲的密碼；取消信用卡與遊戲賬戶的綁定；跟兒子設立每天可玩手機遊戲的時間；多與兒子進行親子活動。
3. (參考答案) 建立良好的作息習慣；與父母商量玩手機遊戲的規則；在作出金錢決定前，先取得父母的同意。

第89頁：算一算，等於多少港幣？

1. 等於港幣35元
2. 等於港幣125元

第95頁：通貨膨脹，還是通貨收縮？

1. 去年需要67元，今年需要79元。
2. 通貨膨脹

第101頁：銀行提供哪些服務？

1. E　2. C　3. A　4. D　5. B

第107頁：有哪些保險呢？

1. B　2. E　3. D　4. A　5. C

第113頁：誰會獲得較高的信用額？

1. 2號申請人
2. 1號申請人
3. 自由回答

第119頁：怎樣善用稅務收入？

自由回答

第125頁：哪些理財目標符合「SMART」原則？

1. 不符合，違反了：可達到和實際
2. 符合
3. 不符合，違反了：有時限

奇龍族學園
理財能力大升級

作　　者：馮漢賢　黃書熙
繪　　圖：岑卓華
策　　劃：黃花窗
責任編輯：黃花窗
美術設計：鄭雅玲

出　　版：新雅文化事業有限公司
　　　　　香港英皇道499號北角工業大廈18樓
　　　　　電話：（852）2138 7998
　　　　　傳真：（852）2597 4003
　　　　　網址：http://www.sunya.com.hk
　　　　　電郵：marketing@sunya.com.hk
發　　行：香港聯合書刊物流有限公司
　　　　　香港荃灣德士古道220-248號荃灣工業中心16樓
　　　　　電話：（852）2150 2100
　　　　　傳真：（852）2407 3062
　　　　　電郵：info@suplogistics.com.hk
印　　刷：中華商務彩色印刷有限公司
　　　　　香港新界大埔汀麗路36號
版　　次：二〇二〇年十月初版

ISBN : 978-962-08-7615-8
© 2020 Sun Ya Publications (HK) Ltd.
18/F, North Point Industrial Building, 499 King's Road, Hong Kong
Published in Hong Kong
Printed in China

鳴謝：
本書表情符號小插圖由Shutterstock 許可授權使用。